矿产资源开发与经济环境协调发展及政策研究

以长江经济带为例

方传棣　成金华　赵鹏大　著

中国地质大学出版社
ZHONGGUO DIZHI DAXUE CHUBANSHE

图书在版编目(CIP)数据

矿产资源开发与经济环境协调发展及政策研究:以长江经济带为例/方传棣,成金华,赵鹏大著.—武汉:中国地质大学出版社,2022.5
ISBN 978-7-5625-5097-6

Ⅰ.①长…
Ⅱ.①方… ②成… ③赵…
Ⅲ.①长江经济带-矿产资源开发-影响-生态环境-研究
Ⅳ.①X321.25

中国版本图书馆 CIP 数据核字(2021)第 237072 号

矿产资源开发与经济环境协调发展及政策研究 以长江经济带为例	方传棣　成金华　赵鹏大	著

责任编辑:龙昭月	责任校对:徐蕾蕾

出版发行:中国地质大学出版社(武汉市洪山区鲁磨路388号) 邮政编码:430074
电　　话:(027)67883511　　传　真:(027)67883580　　E-mail:cbb@cug.edu.cn
经　　销:全国新华书店　　　　　　　　　　　　　　　http://cugp.cug.edu.cn

开本:690毫米×980毫米 1/16	字数:214千字	印张:11.25
版次:2022年5月第1版		印次:2022年5月第1次印刷
印刷:武汉邮科印务有限公司		
ISBN 978-7-5625-5097-6		定价:98.00元

如有印装质量问题请与印刷厂联系调换

前　言

  长江经济带是我国经济的重心所在、活力所在,也是我国重要的生态安全保护区域之一,同时还是我国矿产资源供给区域之一。1949 年以来,资源供应保障一直是长江经济带矿产资源开发的主基调,矿业产值及经济总量不断提高。然而,该区域长期过量的矿产开发导致生态退化和环境问题日益恶化。如何在环境约束下促进经济高质量发展已成为长江经济带的重要议题。

  现阶段,长江经济带的发展战略已经很明确。2016 年 1 月,习近平总书记在重庆调研时强调"当前和今后相当长一个时期,要把修复长江生态环境摆在压倒性位置,共抓大保护,不搞大开发"。这不仅体现了我国在全球生态治理中的大国担当,而且是推动长江经济带发展的重大决策。因此,在"共抓大保护,不搞大开发"方针下,如何建构矿产资源开发与经济、环境之间的协调关系,如何促进长江经济带矿产资源开发与经济、环境协调发展,长江经济带矿产资源开发-经济-环境耦合协调发展呈现何种趋势,长江经济带矿产资源开发对区域协调发展产生何种影响效应等,是需要展开系统研究的重要课题。

  目前,国内外关于矿产资源开发-经济-环境耦合协调发展定量分析的文献较为丰富,主要应用"耦合"模型进行模拟与评价。本书主要从以下几个方面进行研究和探讨:

  第一,梳理和总结长江经济带矿产资源的现状特征,应用 VAR 模型分析长江经济带矿产资源开发和经济的相互作用程度,深入理解长江经济带矿产资源开发与经济的耦合关系。

  第二,对长江经济带矿产资源开发进行环境影响识别,应用加权 TOPSIS 法评价长江经济带矿产资源开发的环境影响,探索矿产资源开发与环境的耦合关系。

第三，构建矿产资源开发、经济、环境的耦合协调发展的指标体系，通过耦合协调度模型情景分析"共抓大保护，不搞大开发"方针的影响，并分地区开展关于协调水平及发展趋势的分析与讨论。

第四，应用空间计量模型估算长江经济带协调发展的空间关联性，并探索矿产资源开发对区域协调发展空间溢出效应的影响。

通过上述研究，本书得到如下结论：

第一，长江经济带的经济发展对矿产资源开发的推动作用相对较大，而矿产资源开发对于经济发展的推动作用相对较小。方差分析结果表明，在10个冲击期内矿产资源开发平均解释了经济发展5.98%的预测方差，经济发展解释了矿产资源开发79.05%的预测方差。这表明，近年来矿产资源开发和经济发展的协调关系，逐步由资源导向型发展模式向经济高质量发展模式迈进。

第二，仍需高度重视矿产资源开发对长江经济带各省市的环境影响，同时不同类型的环境影响具有差异性。计算得出2016年长江经济带矿产资源开发的综合环境影响评价值为0.36，评价等级为较差。其中，上海市的评价值为1.00，评价等级为良好；安徽省的评价值为0.47，评价等级为一般；江苏省、浙江省、江西省、湖北省、重庆市、四川省评价值分别为0.39、0.35、0.37、0.24、0.38、0.35，评价等级为较差；湖南省、贵州省、云南省评价值分别为0.15、0.15、0.11，评价等级为极差。

第三，"共抓大保护，不搞大开发"方针对长江经济带矿产资源开发-经济-环境耦合协调发展具有一定的促进作用。在"大保护"情景下，与经济优先情景相比，2016年矿产资源开发-经济-环境耦合协调度高出0.04，约高6.72%；2017年高出0.028，约高4.80%。

第四，矿产资源开发对长江经济带协调发展的空间溢出效应具有一定的推动作用。本书应用空间面板数据模型估计得出：矿产资源的利用水平、收益水平和集约水平每增长1%，协调发展的空间溢出效应分别增长0.11%、0.14%、0.02%；矿产资源产量水平每增长1%，协调发展的空间溢出效应下降0.11%。

同时，本书评价了长江经济带矿业绿色发展的政策优先性，基于优势、劣势、机会、威胁分析确定政策的影响因素并确定10种替代方案，通过AHP法和模糊TOPSIS法得到最优排序。据此提出政策建议：优化空间结构,减少布局性风险;实行最严格的生态环境保护制度;推动矿业城市资源产业转型升级;严格实行限采区限采制度,限量开采高污染和保护性矿种;推进矿山清洁化、集约化发展,加快绿色矿山建设;建立流域矿产资源生态补偿机制。

著 者

2019 年 7 月

目 录

第1章 绪 论 ··· (1)

  1.1 研究背景与意义 ··· (1)

  1.2 国内外研究进展 ··· (4)

  1.3 研究目的与内容 ·· (12)

  1.4 研究方法与技术路线 ·· (14)

第2章 研究框架构建 ·· (16)

  2.1 概念辨析 ·· (16)

  2.2 理论基础 ·· (18)

  2.3 定量分析方法 ·· (23)

第3章 长江经济带矿产资源开发与经济发展的协调关系 ··· (26)

  3.1 矿产资源分布与矿业发展 ···································· (26)

  3.2 矿产资源开发与经济协调发展的趋势变化 ············ (33)

第4章 长江经济带矿产资源开发与环境保护的协调关系 ··· (46)

  4.1 矿区环境现状 ·· (46)

  4.2 矿产资源开发的环境影响识别 ····························· (51)

  4.3 矿产资源开发与环境协调发展的分布特征 ············ (53)

第5章 长江经济带矿产资源开发与经济环境协调发展及时空演化 ·· (75)

  5.1 协调发展水平测度方法 ······································· (75)

· V ·

5.2 经济优先情景与大保护情景设置 ……………………………… (77)
5.3 指标体系与数据处理 …………………………………………… (80)
5.4 协调发展水平的测算结果 ……………………………………… (83)

第6章 长江经济带矿产资源开发与经济环境协调发展的空间溢出效应 …………………………………………… (90)
6.1 经济环境协调发展的空间相关性分析 ………………………… (90)
6.2 矿产资源开发与经济环境协调发展的空间溢出效应 ………… (97)

第7章 长江经济带矿产资源开发环境保护的政策优先级 ………… (107)
7.1 矿产资源开发环境保护政策法规 ……………………………… (108)
7.2 政策优先度模拟方法 …………………………………………… (110)
7.3 政策优先级度模拟结果与评价 ………………………………… (114)

第8章 长江经济带矿业绿色发展政策建议 …………………… (127)
8.1 优化空间结构 …………………………………………………… (127)
8.2 实行最严格的生态环境保护制度 ……………………………… (127)
8.3 推动矿业城市资源产业转型升级 ……………………………… (130)
8.4 严格实行限采制度 ……………………………………………… (130)
8.5 推进矿山清洁化和集约化发展 ………………………………… (131)
8.6 建立流域矿产资源生态补偿机制 ……………………………… (133)

第9章 研究结论与未来展望 ………………………………………… (135)
9.1 研究结论 ………………………………………………………… (135)
9.2 未来展望 ………………………………………………………… (136)

主要参考文献 ………………………………………………………… (138)

附　录 ………………………………………………………………… (149)

后　记 ………………………………………………………………… (171)

第1章 绪 论

1.1 研究背景与意义

1.1.1 研究背景

长江经济带是中国国民经济发展的优势所在,也是中国国民经济发展的活力所在。2016年9月,国务院发布了《长江经济带发展规划纲要》,提出了"生态优先,流域互动,集约发展"的发展思路,建立了"一轴,两翼,三极,多点"的发展模式。"一轴"是指以长江黄金水道为依托,发挥上海、武汉、重庆的核心作用,以沿江主要城镇为节点,构建沿江绿色发展轴。"两翼"是指发挥长江干线的辐射带动作用,延伸到南北腹地,增强南北翼的支撑力。"三极"是指长江三角洲城市群、长江中游城市群和成渝城市群,它们起着辐射作用,创造了长江经济带的3个增长极。"多点"是指在资源和环境承载力的基础上,支持三大城市群以外的地级市不断完善城市功能、发展优势产业、建设特色城市、加强经济联系,并加强与中心城市的互动,促进区域经济发展(吴传清等,2017)。

长江经济带是中国重要的生态屏障之一。长江经济带横跨上海、江苏、浙江、安徽、江西、湖北、湖南、重庆、四川、贵州、云南11个省市,面积约205万 km^2。其人口和生产总值均超过全国的40%。生态系统种类繁多,山水林田湖浑然一体,森林覆盖率达全国的41.3%,河湖、水库、湿地面积占全国的20%,珍稀濒危动物占全国总数的39.7%,淡水鱼类占全国总数的33%。长江年均水资源量约9958亿 m^3,约占全国水资源总量的35%。长江年供水量超过2000亿 m^3,保障了长江沿岸4亿人口的生活和生产需要。长江还是我国南水北调工程的取水水源,年均输水量为95亿 m^3。

长江经济带是我国矿产资源支撑区域之一。该区域成矿条件较好,但矿产资源开发与环境矛盾突出。改革开放以来,在社会主义市场经济体制的大力推动下,截至1989年,长江流域已探明矿产109种(不含铀、钍),占全国已探明矿产资源的80%。主要矿产开采类型有煤、天然气、铁、锰、磷、硫、铜等38种,其中有13种矿产的储量占全国储量的60%以上,有5种矿产的储量占全国储量的40%～60%,储量占全国储量20%～40%的矿产有11种,占全国储量不到20%的矿产有9种。区域内矿产资源十分丰富,主要矿产资源优势明显。随后经过数十年的发展,长江经济带的矿业产值持续增长,开采的种类和数量不断增加,矿业经济已具备一定的规模。仅2008—2011年,长江经济带各省市新增铁、铜、铅、锌、钒、钨、磷矿、天然气、煤等矿产地436处,钨矿、磷矿、萤石、煤和水泥用灰岩的新增资源量分别达到123万t、1.3亿t、1.18亿t、45亿t和43.2亿t(林家彬等,2011)。截至2016年,磷、萤石、铜、钨、锡、锑等战略性矿产的产量占全国的比例均超过60%,其中磷矿产量占比更是高达96.88%。长江经济带内有云南、贵州、四川、湖南、安徽等矿业大省,有铜陵、安庆、鄂州、攀枝花等矿业城市13座,有安徽淮北-煤化工矿业经济区、湖北鄂州-黄石铁铜金矿业经济区等全国重点矿业经济区29个,有宝武钢铁、江西铜业、云铝股份等大型矿业企业200多家。

1949年以来,长江经济带的矿产资源开发为国家和地区经济发展提供了重要的原材料。资源供应保障一直是该区域矿产资源开发的主基调,矿业产值及经济总量不断提高。然而,该区域长期违规、过量的矿产开发导致生态退化与环境污染日益恶化。大量的矿产资源开发造成了全国近一半的重金属重点防控区位于长江经济带;湘江流域、长江三角洲、长江中游、成渝城市群等地区的矿区周边污染排放问题突出;矿产资源开发挤占自然保护区及地质灾害频发等现象不断产生。2015年,长江经济带矿区废水排放总量占全国的比例达到42%,各类尾矿库有2921座,被破坏土地面积已增至7 049.11 km^2(吴楠,2019)。

在新形势下,长江经济带发展的关键是要正确把握重点领域生态环境保护和经济发展的全面进步和突破,并统筹规划;打破老动能,培育新动能,理解自我发展和协调发展的五大关系,坚持发展新理念,加强改革创新、战略规划、规划指导,使长江经济带将成为引领中国经济高质量发展的新生力量。党的十九大报告指出:"以共抓大保护、不搞大开发为导向推动长江经济带发展。"随着《国民经济和社会发展第十三个五年规划纲要》《长江经济带发展规划纲要》《长江经济带生态环境保护规划》等一系列文件的出台,关于长江经济带的生态环境保护和恢复的具体要求明朗化。"共抓大保护,不搞大开发"已成为新时代推动长江经济带发展的新要求和总方针。

1.1.2 研究意义

"共抓大保护,不搞大开发"方针体现了我国在全球生态治理中的大国担当,是推动长江经济带发展的重大决策。它要求我们正确把握好生态环境和经济发展、自身发展与协调发展的关系。一方面,要正确把握环境保护与经济发展的关系,探索促进生态优先发展和绿色发展的新途径。生态环境保护与经济发展不是矛盾的关系,而是辩证统一的关系。另一方面,要正确把握自身发展与协调发展的关系,努力把长江经济带建设成为一个有机结合、高效的经济体。长江经济带的所有省市都必须有促进自身发展的意愿,但在自身发展的过程中,必须从全局出发,树立"一盘棋"思想。要推动长江经济带的发展,必须深刻认识落实区域协调发展战略的关键点。各地区要按照主体功能区定位,按照政策精准、措施细化、机制协调的要求,全面而准确地实施区域协调发展战略。

因此,在"共抓大保护,不搞大开发"方针下,如何理解矿产资源开发与经济、环境之间的协调关系,如何促进长江经济带矿产资源开发与经济、环境相协调发展,长江经济带矿产资源开发-经济-环境耦合协调发展产生何种影响效应,长江经济带矿产资源开发对区域协调发展产生何种影响都是需要展开系统研究的重要课题。

开展长江经济带矿产资源开发-经济-环境耦合协调发展研究,提出推动矿产资源开发与经济、环境相协调的实施方案,深入贯彻落实党的十九大精神和习近平总书记关于长江经济带发展重要讲话精神的重要举措,是落实"共抓大保护,不搞大开发"方针的重要依据,是研判长江经济带中长期经济发展、明确战略性环境保护路径的重要手段,也是推动长江经济带绿色发展的重要途径。

通过相关研究,本书探讨长江经济带矿产资源开发、经济发展与环境保护的协调关系,分析"共抓大保护,不搞大开发"方针下矿产资源开发-经济-环境耦合协调发展的水平、产生的影响及具体原因,并将其原因落实到具体的空间单元,最后形成有利于推进长江经济带矿产资源开发-经济-环境协调发展的对策建议,为促进长江经济带矿业绿色发展、生态环境保护和经济高质量发展提供参考依据。

1.2 国内外研究进展

1.2.1 矿产资源开发-经济耦合关系研究进展

矿产资源开发为经济发展提供了基础,经济发展有利于提高矿产资源的开发水平。资源禀赋是经济学中的一个重要概念。早期的发展经济学家曾认为,丰富的资源是经济发展的重要支柱。自20世纪50年代以来,有关专家和学者讨论了自然资源与经济增长之间的负相关关系。例如Singer(1950)提出的"贸易条件的恶化"。一些学者认为工业经济结构的变化使国际竞争力下降(Matsuyama,1991),还有部分学者认为资源出口商的贫困是由于人力资本投资不足造成的(Ross,1999)。

自20世纪70年代以来,经济学家们一直在思考这样一个事实:全球越来越多的资源丰富国家陷入了增长陷阱。Sachs等(1997)以95个发展中国家为样本,对"资源诅咒"假说进行了开拓性的实证检验。Auty(2006)在玻利维亚的案例中发现过度乐观的预期会导致经济政策松懈,进而阻碍了经济快速增长所需的竞争多元化。随后,"资源诅咒"假说的相关研究也迅速发展起来,成为近20年来资源经济学研究的热点之一。国内外学者对"资源诅咒"假说的研究主要集中在3个方面(Auty,2001):资源类型及其丰度的测度、"资源诅咒"产生的机理及其应对政策。不同类型资源丰度的测量是"资源诅咒"假说的研究基础,也是目前研究的难点。现有的做法是将资源划分为集中式资源(point resource)和分布式资源(diffuse resource),根据地理分布(Gylfason,1997)进行分析。"资源诅咒"的机制是"资源诅咒"假说的核心。有学者通过多种论证方法提出,区域资源对经济发展存在诸多阻碍,如单一替代指标(Wood et al.,1997)和多个指标(Syrquin et al.,1989)。贸易条件理论、资源寻租腐败、轻视人力资本投资、资源财富和资源产业的挤压效应等共同作用机制在许多资源丰富的国家,特别是非洲和拉美地区得到了显著体现(Papyrakis et al.,2004)。

自"资源诅咒"假说提出以来,国内学者也进行了大量的实证研究。徐康宁等(2006)认为,丰富的自然资源和对这些资源的依赖主要是通过资本投资的转移机制来限制经济的增长。虽然劳动力投入的转移机制也具有这种效果,但并不像前者那么重要。丁菊红等(2007)从理论上证明,在控制港口与政府干预间的距离之后,"资源诅咒"在中国并不明显。资源因素和政府干预因素在中国并不是正相关的,而是负相关的。胡援成等(2007)论证了中国省份是否存在"资源诅咒",并关注制约"资源诅咒"现象的因素,通过使用面板阈值回归模型分析认为人力资本的投入水平限制了中国部分省份的发展,实证结果还揭示了财政支持作为缓解"资源诅咒"的重要途径,可以有效地解决资源约束问题,促进经济可持续性增长。景普秋等(2008)认为矿产资源是区域经济发展中的双刃剑,它既不可能成为经济发展的催化剂或"引擎",而且还会使"资源诅咒"等现象扩大化,如对区域收入差距、反工业化、经济增长波动和区域发展的影响。张复明等(2008)提出,在资源丰富的地区,由于制造业人力资本的投资门槛,资源部门的投资偏好可能产生偏差,将产生特殊的吸纳效应,增加工业化成本,同时路径依赖会产生资源的锁定效应,陷入资源优势陷阱。突破资源优势陷阱的关键是打破原有的资源循环机制,引入竞争机制与创新机制,调整收入分配机制,实现协调发展和产业转型。王文行等(2008)系统地梳理了"资源诅咒"假说,介绍了其原因和机制,最后提出了中国各资源型地区的防范措施。邵帅等(2008)利用1991—2006年的省际面板数据对"资源诅咒"现象进行了实证分析,并发现人力资本投资是形成"资源诅咒"的最强传导因素。景普秋(2010)提出矿产资源的开发与区域经济发展离不开产业的巨大利润。矿产资源开发中收入分配机制是否合理及相关制度是否健全可能是资源丰裕地区是否陷入"资源诅咒"的关键。与国外研究一样,虽然大量文献表明矿产资源与经济增长呈负相关关系,但这一结论尚不确定。例如,程志强(2007)利用内蒙古的煤炭资料,通过定量分析,发现有效的资源供给对内蒙古经济发展有积极作用,相反,资源开发的减少会产生负面影响。

1.2.2 矿产资源开发-环境耦合关系研究进展

环境是矿产资源开发的根本条件,矿产资源开发对环境有影响。随着矿产资源开发的经济效益不断增强,环境污染作为发展过程中的"副产品"引起了学者们的关注。为了探究矿产资源开发与环境的关系,国内外文献主要通过实证矿产资源开发的环境影响来评判矿产资源开发的合理性。Kesler等(1994)定义了矿产资源开发对环境影响的内涵,建立了矿产资源开发的环境影响理论和分析框架。Pagiola等(2005)、Aigbedion(2007)、Capatina等(2008)、郑娟尔等(2010)、曹石榴(2018)分别研究了拉丁美洲、尼日利亚、罗马尼亚、澳大利亚和中国因矿产资源开发造成的环境问题,如土壤重金属污染、土壤侵蚀、地面沉降、地下水污染、空气污染、辐射和森林植物多样性破坏等。同时,Andreoni 等(2001)、Chikkatur 等(2009)、倪平鹏等(2010)还分析了锡矿、煤矿、稀土等矿产资源开发造成的环境污染,并解释了相关的水污染、固体废物排放、生物多样性破坏对地质环境的影响。矿产资源开发造成的环境污染和生态破坏是时空因素下经济发展的"附属物",了解环境污染源本身有助于理解和分析矿产资源开发与环境之间的关系。

然而,经验分析还不能完全发现矿产资源开发与环境的关系。为了加深对问题的认识,国外学者研究了矿产资源开发对环境影响的评价指标体系。Kang 等(1994)构建了环境因子的定量模型,为矿产资源开发的环境影响定量评估提供了基本框架;Lawrence(1994)使用系统流图法将环境系统描述为相互关联的组成部分,并通过环境组成部分之间的联系来识别二级、三级或更高级环境影响,确定了矿产资源开发中的直接和间接环境影响。此外,Sabanov 等(2006)也采用综合环境影响评价方法来测量由煤与油页岩开发引起的地表结构、气候、水污染和土地使用的变化。这些研究提高了分析矿产资源开发对环境影响的准确性和科学性。

在依靠矿产资源提高生活水平的同时,我国不同地区出现了资源枯竭、环境污染、生态破坏和区域发展下降的情况,改变甚至破坏了人们的生存环境(蒋正举等,2013)。越来越多的国内学者也注意到环境影响评价的重要性,开始关注矿产资源开发对环境的影响,并通过建立指标体系的方法揭示不同区域矿产资源开发对环境的影响及其成因。邢文婷等(2016)采用曲线投影寻踪动态聚类定量评价的方法,发现在页岩气开发初期,由于开发技术落后,再加上环保资金投入力度不大和环保意识不强,矿产资源开发造成了较为严重的生态环境问题。熊鸿斌等(2018)通过 PSR 模型定量评价发现,积极治理肥西县排放的废弃物和加大环保资金投入力度会取得良好的效果。卢曦等(2017)利用三阶段 DEA - Malmquist 指数法发现,西部地区资源的全要素生产率和技术效率年均增长率最高,东部地区技术进步年均增长率最高。陈军等(2015)分析了矿产资源开发对环境影响的成因,并认为大规模的矿产采掘产生的尾矿、废弃物、重金属污染、采空塌陷等造成了水源涵养功能丧失、土地挤占生态空间、植被退化、地质灾害等。因此,如何科学合理地对矿产资源开发造成的环境问题做出评价也是现阶段影响我国矿产资源开发的主要环境问题之一。

通过相关文献梳理,我们发现矿产资源开发对环境影响的定量研究目前主要集中在小范围的矿山环境影响评价上。李东等(2015)对矿山环境影响评价方法进行了探讨,并认为将 BP(back propagation,逆向传播)神经网络与 SVM(support vector machine,支持向量机)评价模型应用到矿山环境中均能满足矿山环境评价的精度要求。安英莉等(2016)将全生命周期模型应用到徐州煤炭环境影响,划分出生命周期系统清单并对全生命周期系统的 5 个阶段进行了评述。范振林(2018)利用层次分析法通过建立指标体系及数学统计方法进行环境影响评价与分析,最终对环境敏感因子进行动态识别和排序。周智勇等(2018)以环保资金投入和采矿、选矿对环境及员工的影响构建生态环境指标体系,并计算出方差贡献率较高的因子,比较了预测数据与实际数据的差异。张梦等(2015)综合自然和社会因素,认为引入灾害事件对较大区域尺度流域脆弱性评价具有可行性,并引入灾害事件构建评价体系进行了实证研究;Burchart-Korol 等(2016)定义了损害类别,认为波兰煤炭资源开发除了要考虑加工废物、甲烷排放和废水排放的直接环境影响,还应考虑开发中使用电、热等能源的间接影响,并通过构建指标体系进行了预测。Ferreira 等(2015)利用相关软件对巴西露天矿开采的环境影响进行模拟,并发现由输送带驱动的矿石运输模式可以减少开发能源的消耗,对减缓非生物资源枯竭更有效。

1.2.3 矿产资源开发-经济-环境耦合关系研究进展

国内外资源-环境-经济耦合协调研究文献较为丰富,早期研究多聚焦于耦合模型的建立与优化。最初,有学者将环境污染纳入到投入产出表,分析了经济增长等各部门要素与产出之间的关系,并扩展到后来的绿色国民经济核算方法(马丽等,2012)。在 20 世纪 90 年代,根据经济学家库兹涅茨提出的假设,Grossman 等(1991)证实环境污染与经济增长是相辅相成的关系,一般称为"环境库兹涅茨曲线"(environmental Kuznets curve,EKC),环境库兹涅茨曲线所揭示的资源、环境与经济发展的制约性为经济与环境的协调发展关系进一步研究提供了基础。

近几年的研究一般通过物理学耦合概念的模型对资源-环境-经济协调进行模拟与评价,找出耦合定律与影响耦合协调的因素。耦合的概念起源于物理学,任继周(1999)、王美霞等(2010)首先将物理学耦合理论应用于农业生态系统的研究,并认为两个或更多具有相似性质的系统具有亲和力趋势,待条件成熟时,它们可以组合成一个新的、更高层次的结构功能。生态环境与经济、生态环境与产业、生态环境与区域之间的耦合受到关注,主要强调的是生态系统与经济系统或社会经济系统之间的耦合。刘耀彬(2005)借用物理能力融合模型,袁榴艳等(2007)和高翔等(2010)利用变异系数模型研究了生态环境与城市化的耦合度。李崇明等(2004)、许振宇等(2008)采用近似线性系统计算方法研究生态经济耦合的非线性趋势。吴跃明等(1996)建立了耦合度定量模型并开展了灰色系统耦合度预测的研究。左其亭等(2001)运用系统动力学研究社会经济与水资源、荒漠化与其他生态环境之间的耦合关系。李国柱(2007)、Wang等(2007)、姜磊等(2017)、赵文亮等(2014)、彭博等(2017)从中国可持续发展的角度分析了经济、社会与矿产资源开发耦合协调发展情况。

国内外有关矿产资源开发与经济、环境耦合协调发展的研究主要从矿业产业、空间单元、环境影响等方面建立指标体系,计算出耦合协调度和考察耦合协调发展水平。王国霞等(2017)认为中国中部地区资源型城市的城市化综合水平存在显著差异,而生态环境的综合水平则没有。王乃举等(2012)通过三维立体模型说明铜陵市环境-经济系统耦合发展的主要贡献因子是经济增长和环境质量,主要限制因子是资源供给、环境保护投资和工业固体废弃物排放。Jin等(2017)基于环境水平、禀赋、压力、响应构建上海市城市化与环境耦合协调模型的指标体系,发现耦合协调模型的待定系数对上海市城市化与生态环境的耦合协调发展影响较小。Wang等(2017)基于矿产资源、土地资源、水资源、环境资源的承载力构建了耦合协调模型并发现中国矿业经济区均处于不平衡的发展状态。高清等(2018)指出四川省矿产资源开发与经济耦合协调发展水平整体处于良好状态,四川省在矿产资源总体规划和经济结构转型方面取得了较好的成效。杨永均等(2014)通过评价发现,贵州省在矿产资源开发与生态保护、经济发展的复合系统中存在协调困境,大多数地区处于适度协调的耦合水平。

相关研究论证了耦合模型对协调发展研究的可行性,但仅通过数据计算耦合协调度无法对现有和未来的政策进行评判和预测(Chu et al.,2019)。因此,部分学者考虑将耦合协调度模型结合情景对区域的协调发展进行分析并提供政策支持,如Qi等(2018)设定了3种情景权数计算耦合协调度,发现中国的低碳发展不需要在城市化过程中减少能源消耗;Lu等(2019)通过基准、经济、资源、环境情景发现,武汉市在经济情景下耦合协调度表现最佳,短期内环境情景将有效促进耦合协调度的提高;Hong等(2019)制定了基准、社会发展、经济发展、资源供给、综合发展5种情景,并基于耦合协调度模型提出中国的协调发展需要提高"三废"综合利用率和人均绿地面积;Sun等(2018)认为在中等开发水平与高环境保护水平的情景下,昆明市的经济与环境耦合协调度将有所提高。

1.2.4 长江经济带协调发展研究现状

随着城市化和工业化的发展,矿产开采规模和能源消费需求扩大,我国已形成了环境污染和生态破坏的发展危机(Xi et al.,2019)。黄茂兴等(2013)将环境当作具有一定再生能力、需要进行有效管理的特殊生产要素,并认为从长期来看,环境管理对最优增长率、环境存量的提高及环境承载力的提升都至关重要。随后,资源导向型经济增长模式的缺陷促使经济学家开始研究资源、经济和环境间的内在交互关系,来纠正污染问题和资源过度消费带来的经济扭曲(高苇等,2018)。协调发展的中国应该是资源节约型、经济生态型和环境友好型的国家,特别是对于长江经济带这种含有复杂类型生态系统的典型区域来说,在经济腾飞的同时,也面临着二元分割、发展乏力、资源和环境协调性不强等问题,使发展面临严峻挑战(王维,2017)。在长江经济带如何统筹协调发展上,钟茂初(2018)、常纪文(2018)和吴传清等(2018)均认为产业绿色发展必须要将开发活动控制在环境承载力以内,并建立上游、中游、下游地区的产业联动与补偿机制。在研究长江经济带协调发展的影响因素时,Yue 等(2018)从生态效率的角度研究协调发展,发现与非城市群相比,更高的空间集聚度促进了长江经济带城市群的协调发展;Xi 等(2018)认为生态系统服务是维持长江经济带环境质量并促进协调发展的重要因素,而气候因素是影响生态系统服务变化的主导力量;成金华等(2018)从"共抓大保护,不搞大开发"的视角出发,认为环境规制对协调发展起到了较好的推进作用。综上所述,研究长江经济带的协调发展是将长江经济带建设成为"生态更优美、交通更顺畅、经济更协调、市场更统一、机制更科学的黄金经济带"的内在需要。

从采矿业的角度来看,矿产资源开发结构与生产结构不协调、相关产业优势和地区矿产资源禀赋错位、资源消费与资源需求不平衡是长江经济带采矿业的主要问题。学者们从发展战略,产业结构与布局,区域相关性和生态环境保护的角度研究了长江经济带的采矿业。花蕾(2005)认为,加强宜昌、重庆、成都、攀枝花 4 个产业合作区等优势产业的区域合作,对区域协调发展具有重要意义。陈雯等(2003)认为,长江中游适合发展化工、钢铁、矿产等产业,如原料工业、机械及汽车工业等。王合生等(1998)认为,石化工业应重点关注上海(沪)、杭州(杭)、宁波(甬)等 5 个集中区域。相关研究表明,长江经济带的开发应提高资源和能源的综合效益,积极探索如何将资源和能源的优势转化为产业优势,努力协调上层产业的布局(邹辉等,2015)。张玉韩等(2018)认为推动长江经济带矿业发展的有效途径有：①依托清洁能源优势，打造绿色能源产业带并发挥有色金属优势；②打造世界级战略性新兴产业发展集群；③矿产冶炼加工业转型升级；④完善绿色制造体系。

从区域空间结构的角度来看，长江经济带是一个区域经济空间结构组织，是核心—边缘结构的一种特殊形式（陈修颖等，2004）。区域经济差异的特点是东部优势明显，中西部地区经济发展明显。长期以来，在主流经济学理论中，空间物体不相关和同质性假设的界限及普遍普通最小二乘法（ordinary least squares，OLS）的一般用法忽略了模型估计的空间效应，因此，常有模型在实际应用中产生设定偏差问题，导致经济研究的各种结论和推论不完整、不科学，缺乏解释力（吴玉鸣，2005）。在经典计量经济学中线性回归模型假设及回归模型的系数β是不变的，面对异常复杂的经济系统和因子变量之间的相互作用，特别是当横截面数据由于空间数据和空间结构的相互关系异质性而有点不堪重负时，需要开发新的方法来弥补不足（吴玉鸣，2006）。根据空间计量经济学理论，区域空间单元的某些经济地理现象或属性值与相邻区域空间单元的相同现象或属性值有关。Antweiler 等（2001）利用 44 组数据说明，污染排放较高企业的生产活动从发达国家向发展中国家进行转移，虽然发展中国家的经济水平在短期内迅速提高，但从长远来看，发展中国家需要更努力地去弥补环境破坏造成的损害（张红凤等，2009）。几乎所有空间数据都具有空间或空间自相关特征，并且空间依赖性的存在打破了大多数经典统计和计量经济分析相互独立的基本假设。也就是说，区域之间的数据不仅具有时间序列的相关性，还具有相应空间序列的相关性。空间统计和空间计量经济学是对经典统计和测量方法的继承和发展，按地理位置与空间关系进行统计和测量，以确定和测量空间变化规则和决定因素。

目前，关于经济增长、产业集聚、环境污染之间的空间溢出效应研究已逐步兴起。潘文卿（2012）使用探索性空间数据分析工具研究了 1988—2009 年中国各省人均 GDP 的空间分布格局和特征，通过计量分析，空间溢出效应被认为是影响中国区域经济发展的重要因素，市场潜力每增加 1%，区域人均 GDP 增长率将增长 0.47%，超过区域固定资产投资增长的弹性值。郑宝华等（2018）基于 2001—2015 年的省级面板数据，在利用曼奎斯特指数计算工业全要素生产率的基础上，构建空间计量模型，实证分析了我国工业全要素生产率对区域环境污染的空间溢出效应。张可等（2014）从生产投入端和产出端视角，将环境污染拓展到生产密度理论模型中，建立了经济集聚与环境污染相互作用的理论模型，利用空间联立方程模型研究了经济集聚与环境污染的空间溢出及其相互作用机制。王文普(2013)利用1999—2009年中国30个省区市①的大中型工业企业数据考察了产业竞争力的影响因素,并通过非空间模型和空间 Durbin 模型检验了产业竞争力和环境规制之间的关系。李勇刚等(2013)选取了中国1999—2010年31个省区市的面板数据作为样本,构建面板数据联立方程模型,分别从全国层面和东部、中部、西部三大区域层面实证研究了产业集聚对环境污染的影响。

关于长江经济带的空间溢出效应的研究成果同样丰富。朱道才等(2016)利用空间误差模型和地理加权回归模型发现长江经济带城市经济已经形成"中心—外围"空间模式,其经济发展水平在空间分布上存在显著的空间依赖性。郭庆宾等(2016)认为长江经济带较弱的环境规制强度抑制了国际贸易的技术溢出,但是随着环境规制强度的增加,国际贸易的溢出水平不断上升。任以胜(2015)发现长江经济带沿线中心城市的创新产出在整体上逐年增长,长三角地区相对发展速度较快。朱四伟等(2018)认为长江经济带的空间关联与区域创新能力呈显著正相关关系,这主要通过有效增加研究与发展人员的交流频次和降低创新资源的交流成本来实现。

1.2.5 研究述评

从对以上文献的梳理和分析可以看出,国内外学者对矿产资源开发与经济、环境协调发展进行了较深入的研究,积累了丰富的研究成果,但关于长江经济带矿产资源开发-经济-环境耦合协调发展的研究相对较少。

从矿产资源开发与经济发展耦合关系来看,关于长江经济带"资源丰裕程度"的定量方法仍存在争议,影响和制约了长江经济带矿产资源开发与经济发展耦合关系研究的深化。自"资源诅咒"假说问世后,许多学者对中国区域是否存在"资源诅咒"的问题存在较大的争议,随着研究的不断深入,衡量"资源丰裕程度"的方式逐渐从定性分析向定量分析转变,越来越多的学者认为矿产资源开发程度是量化"资源丰裕程度"最有效的形式。因此,基于"资源诅咒"假说,以矿产资源开发程度为指标进行实证分析是研究长江经济带矿产资源开发与经济耦合关系的关键所在。

从矿产资源开发与环境的耦合关系来看,相关文献较多地讨论了长江经济带矿产资源开发的单一类型环境影响,对于长江经济带矿产资源开发的综

---

① 因缺少西藏的数据,因此不包括西藏。

合环境影响的评价较为薄弱。现阶段,国内外学者的看法比较一致,均认为综合环境影响是分析矿产资源开发与环境之间关系的重要方面;同时,不同的自然禀赋、区域因素对矿产资源开发的环境影响起主导作用。因此,对长江经济带矿产资源开发的环境影响进行定量分析能更有效地解析两者的耦合关系。

从矿产资源开发-经济-环境耦合协调发展来看,截至目前还没有从长江经济带矿产资源开发-经济-环境耦合协调度变化与差异角度开展的研究。随着研究的不断深入,情景分析方法逐步应用到耦合协调发展研究中,越来越多的学者开始研究不同情景下三者协调发展水平的未来趋势,但关于长江经济带内的相关研究较为缺乏。

从空间溢出效应来看,国内外学者主要于近几年对长江经济带协调发展的空间溢出效应开展研究,在方法的选择上大多借鉴空间计量模型进行分析。协调发展的空间溢出效应研究相对来说是一个比较新的领域,一些关于长江经济带空间关联性与空间溢出效应的研究大多是单一系统的分析,而以多系统协调的方式纳入分析框架、综合考察协调发展水平的空间关联性、将矿产资源开发作为影响因素考察空间溢出效应的研究相对较少。

总之,国内外学者对矿产资源开发-经济-环境耦合协调发展的相关研究思路基本一致,都进行了大量、深入和系统的研究,积累了丰富的研究成果,为长江经济带矿产资源开发-经济-环境耦合协调发展研究提供重要的参考和借鉴资料,也为本研究打下了坚实的基础,同时,其问题和不足也十分明显,本书针对这些问题与不足,展开了深入研究和探讨。

1.3 研究目的与内容

1.3.1 研究目的

本书以长江经济带矿产资源开发为研究对象,其研究目的如下:

(1)对长江经济带的矿产资源现状特点进行了梳理和总结,同时从相互作用程度的角度探索长江经济带矿产资源开发与经济之间的协调关系,探讨长江经济带未来矿产资源开发和优质经济发展的方向。

(2)从长江经济带矿产资源开发的环境影响分析矿产资源开发与环境之间的协调关系,探索长江经济带矿产资源开发与环境保护的协调方向。

(3)分析长江经济带矿产资源开发-经济-环境协调发展的水平,情景分析在"共抓大保护,不搞大开发"方针下,长江经济带矿产资源开发-经济-环境协调发展会产生何种变化。

(4)从空间因素的角度分析长江经济带矿产资源开发对协调发展水平的影响。

(5)提出推动长江经济带矿产资源开发-经济-环境协调发展的实施方案和对策建议。

1.3.2 研究内容

(1)为了深入理解长江经济带矿产资源开发和经济之间的耦合关系,本书从长江经济带矿产资源的现状特征出发,对长江经济带的矿产资源赋存特点和发展状况进行梳理和总结,再通过 VAR(vector autoregressive,向量回归)模型对1990—2017年长江经济带矿产资源开发和经济之间的相互作用程度进行分析,为长江经济带矿产资源-经济-环境耦合协调发展提供依据。

(2)为了深入理解长江经济带矿产资源开发与环境之间的耦合关系,本书对长江经济带环境现状进行分析,并通过 TOPSIS(technique for order preference by similarity to an ideal solution,逼近理想解的排序方法)法考察矿产资源开发的环境影响,为促进长江经济带环境质量的提高和矿产资源开发-经济-环境的协调发展提供基础。

(3)构建矿产资源开发-经济-环境耦合协调发展的指标体系,基于耦合协调度模型研究及"大保护"情景和经济优先情景分析"共抓大保护,不搞大开发"方针对长江经济带矿产资源开发-经济-环境耦合协调发展的影响,同时进行分区协调水平的讨论。

(4)"共抓大保护,不搞大开发"方针有效促进了矿产资源开发-经济-环境协调发展,但是,方针实施后,对长江经济带的协调发展水平在空间上会产生何种效应、矿产资源开发在空间上对协调发展产生何种影响都需要进行系统研究。因此,笔者通过空间面板数据模型进行估计,从矿产资源开发的指标具体考察对长江经济带协调发展空间溢出效应的影响,以期搭建一个逻辑清晰的研究脉络,更加精确地促进长江经济带矿产资源开发-经济-环境的协调发展。

需要说明的是,矿产资源利用的有关数据涉及许多加工行业,考虑到数据的准确性,以及不同矿产资源生产和开发过程的差异性,参照矿产资源的生产过程,研究数据主要采用矿产资源采矿、选矿过程中的经济、环境、产业数据,不包括冶炼加工过程中的数据。

1.4 研究方法与技术路线

本书在广泛收集国内外相关文献研究的基础上,深入归纳已有文献中具有重要参考价值的研究成果,借鉴和运用可持续发展、环境经济学、宏观和微观经济学、资源经济学、区域经济学和自然资源科学等相关理论,尝试性地依据定量分析和少量的定性分析方法,系统地对长江经济带矿产资源开发-经济-环境耦合协调发展进行研究。本书拟采用以下研究方法:

(1)文献资料收集与查阅。在研究的过程中,充分搜集国内外经典相关成果与资料,以及最新的长江经济带各省市矿产资源开发、经济、环境相关数据与资料。收集到的资料包括近年来关于耦合协调发展的文献资料,中国统计年鉴、中国工业经济统计年鉴、中国环境年鉴等年鉴资料,各相关省市的矿产资源开发总体规划、环境影响评价报告等成果资料。

(2)理论分析与实证分析相结合。矿产资源开发-经济-环境协调发展是长江经济带的重要方针之一。在研究矿产资源开发-经济-环境协调发展时,从目前长江经济带生态区域经济发展、生态环境因素和矿产资源开发实际出发,着重考虑矿产资源开发与经济、环境之间的关系。理论分析是实证分析的前提,实证分析是理论分析的提炼与升华。本书首先对矿产资源开发、经济发展、环境保护三者关系和协调发展进行理论分析,然后基于长江经济带"资源丰裕程度"分析矿产资源开发与经济的耦合关系,基于环境影响因素分析矿产资源开发与环境的耦合关系,最后基于矿产资源禀赋、经济发展水平、环境影响与保护状况等构建指标体系对长江经济带矿产资源开发-经济-环境耦合协调度进行计算。

(3)定性分析和定量分析相结合。本书采用定性研究方法对研究过程(不易量化)进行分析,采用定量分析方法对绝大多数问题进行分析与处理。笔者首先通过定性分析提出了研究框架,并为定量分析奠定理论基础,然后选取合适的变量建立与现实相符合的矿产资源开发与经济、环境耦合协调发展研究模型,包括向量自回归模型、耦合协调度模型、空间面板数据模型、评价模型等,借助 EVIEWS、JMP、EXCEL、STATA 等软件工具实现定量分析,并对定量分析结果进行归纳总结。本书的技术路线如图 1-1 所示。

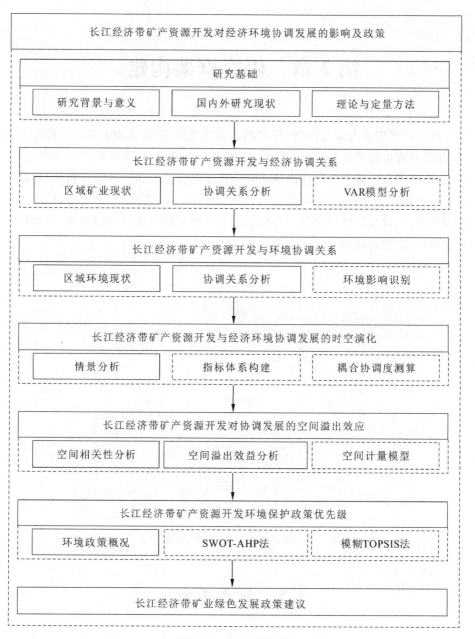

图 1-1 技术路线图

第 2 章 研究框架构建

研究矿产资源开发与经济、环境耦合协调发展,需要有相关理论基础作支撑,还需要有可行的分析方法来实现。如图 2-1 所示,在构建矿产资源开发-经济-环境耦合协调发展的理论基础时应界定耦合概念和协调发展概念,综合借鉴矿产资源经济理论、环境经济与环境影响理论、可持续发展理论、环境库兹涅茨理论、系统科学理论等。分析方法上选择运用向量自回归分析、耦合协调度分析、空间自回归与空间误差分析方法。

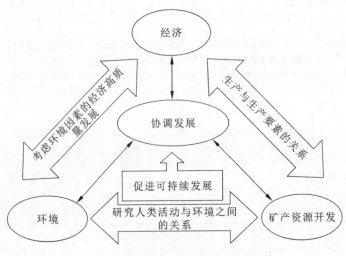

图 2-1 矿产资源开发-经济-环境系统

2.1 概念辨析

2.1.1 耦合

耦合(coupling)最早是物理学概念,由于研究需要被越来越多的学者关注,并被逐步运用到环境经济学、地理学、生物学、农学、区域经济学等诸多学科领域。

从字面意思来看,两人并耕即为"耦",指系统之间的两个或多个运动或相互作用的现象。这种相互作用可以是积极的促进作用或消极的破坏作用,但由于实际需要,通常对正耦合进行研究(王琦等,2008)。不同于传统经验方法,耦合经验方法主要分析基于系统科学思想的不同变量之间的协调变化,而不考虑变量之间的因果关系(Fei et al.,2019)。近年来,一些学者将它引入社会经济系统进行研究应用,显示了一个新的视角(Yang et al.,2014)。

2.1.2 协调与协调发展

在经济发展理论的早期阶段,协调与协调发展的思想主要以哲学的形式出现。中国古代"人与大自然"和"中庸"的哲学思想,西方"以人为本""物竞天择""适者生存"的哲学逻辑都在一定程度上和层次上包含了"协调"与"协调发展"的概念,这也是构建相关经济发展理论的哲学基础。随着经典经济增长理论的出现,协调的概念及其理论体系开始形成。政治经济学的开创者与先驱William认为,协调意味着等价交换。实践主义学派代表Fransois(1758)提出了"商品生产商品"的均衡模型,为理论的发展做出了探索性的贡献。Physiocrates源自法语的"physiocratie"(自然主义者),意思是服从经济发展和福利的自然法则,以及人与自然和谐发展(高楠等,2013)。

Smith认为,促进供需协调,成本是供给背后的驱动力,效用是需求背后的驱动力。当供需平等时,就会发生协调。随后,新古典经济学提出了"帕累托最优"的统一标准,并通过"奥斯特"机制进一步论证了地方协调向全球协调的可能性,构建了一个完整的分析框架(陈功,2011)。1929年的经济危机是基于这样一个事实,即协调发展尚未真正得到解决,而"看不见的手"也无法完全实现协调。Keynes认为市场失灵是由于"经济人"对错误市场信号的理性反应而产生的"合成谬误",并利用有效需求不足理论证明"自然秩序"不能保证宏观上的协调发展(汪浩瀚,2003)。市场缺陷导致市场失灵,政府进行经济调控,从而延伸到宏观协调和协调发展的"干涉主义"理论(黄瑞,2016)。

2.2 理论基础

2.2.1 矿产资源经济理论

矿产资源经济理论是实现矿产资源优化配置的前提,包括可持续最优使用理论和产权理论。矿产资源是自然资源分类中可耗竭的资源之一(Qing et al.,2014)。由于矿产资源的不可再生性,矿产资源经济学必须注意资源利用和资源枯竭。从物理学角度来看,世界永远不会耗尽不可再生资源,部分原因是一些不可再生资源在开发和使用过程中不会丢失,使用后仍可以重复使用。在资源枯竭理论模型中,上述情况是由优质低成本矿床的消耗造成的。出于成本原因的考虑,矿藏的开发仅在矿床储量达到可开采量的几倍时才有价值。然而,潜在储量或资源的预测通常不确定。

矿产资源经济理论是研究矿产资源开发与经济协调的基础。Hotelling(1932)的研究提供了矿产资源经济学研究基础,大部分学者称为"Hotelling 定律",但是 40 多年来,很少有经济学家对它进行深入研究。Dasgupra 等(1979)指出,当单位生产成本变化时,"Hotelling 定律"并不成立。1979 年,Hason 提出了一个结论,将假设的采矿成本扩展到可变条件,并指出随着单位采矿成本的增加,价格上涨将会放缓(Jia et al.,2018)。

矿产资源与环境质量密切相关。自 20 世纪 70 年代末以来,由于全球能源危机和环境污染问题,特别是可持续发展理论受到广泛关注,许多知名经济学家已将注意力转向有效分配不可再生资源(Jia et al.,2018)。在 1986 年,Robert Merton Solow 在理论和方法上对可耗尽资源的最优分配进行了深入研究。1989 年,世界银行高级经济学家 Daly 提出了最低安全标准,不可再生资源的开发利用率不应超过可再生资源的可持续利用率。目前,该理论的发展仍存在一些不足,主要表现在较为完善的理论与较差的可操作性之间的矛盾,以及资源枯竭路径与传统最优穷竭理论所倡导的可持续利用原则之间的一致性。

矿产资源具有显著的区域特征。在矿产资源经济学理论中,大量矿产品通常可分为 3 类:金属矿产品、非金属矿产品和能源矿产品。由于不同国家的采矿生产模式不同,世界已形成不同的分类方法。无论矿物资源经济理论如何定义,重要的是要强调研究中矿物产品的差异,同时它们的经济重要性差异也很显著。例如石油工业成就了世界上最大的几家公司。赵鹏大(2001)提出的非传统矿产资源,随着时代的变化,其价值正逐渐提高。可以说,重要性越大,关注度越高。矿产品在其他方面也存在很大差异。例如,采矿方式有多种,有些是露天采矿,有些是地下采矿,有些甚至是从海洋和海底采集(赵鹏大,2003)。因此,在明确全球化概念之前,矿产资源全球化的特征已经存在(王小马等,2007)。

2.2.2 环境经济与环境影响理论

环境经济理论是研究经济与环境和谐关系的前提理论。环境问题的实质在于经济因素:生产者行为和消费者期望。如果不考虑经济因素,大多数环境问题只会成为化学家和生物学家没有政策含义的研究课题,意义不大。

随着环境经济和环境影响研究的开展,一些经济学家认为,经济发展造成的环境退化只被视为一个特殊的福利经济问题,即生产者被要求支付损害环境的费用,或者将环境视为同任何其他商品一样,消费者应该支付环境的成本(陈志凡等,2014)。然而,这些都没有真正捕捉到人类活动带来环境问题的本质。许多学者提出在经济发展规划中应考虑环境因素。社会经济发展不仅要满足人类的基本需求,还要保持不超过环境负荷。如果超过环境负荷,自然资源的再生和增殖能力及环境自净能力将受到损害,并造成严重的环境问题,社会经济将不会继续发展。因此,在掌握环境变化的过程中,必须保持环境的生产能力、适应力和补偿能力,合理利用资源,促进经济发展。

环境影响理论是理解矿产资源开发与环境的协调关系的基础理论。环境影响理论是20世纪50年代后,由于环境问题的出现而诞生和发展的。它经过10多年奠基性工作的准备,到20世纪70年代初期便发展成国内外的热点研究方向。它的产生既是社会的需要,也是20世纪70年代自然科学、技术科学、社会科学相互渗透并向广度和深度发展的一个重要标志(Yong et al.,2019)。环境影响是研究和指导人类理解、利用和转变协调人与自然关系的自然方式,寻求人类社会可持续发展方法的科学。从广义上说,它研究人类周围空气、大气、土地、水、能源、矿物资源、生物和辐射等各种环境因素及其与人类活动的相互关系。从狭义上讲,它研究由人类活动引起的环境质量变化及保护和环境质量的改善。可持续发展理论的提出和不断完善,对环境影响研究产生了深刻影响,无论是对环境问题的认识,还是研究内容和学科任务等方面都有了许多新的发展(管东生,2004)。

最初的相关研究决定了环境影响的两个截然不同特征,即整体性和全面性。同时,它也决定了环境影响是一门整合自然科学、社会科学和技术科学的学科。在许多领域,它与环境经济学的研究内容相互交叉。

经济发展和科学技术的进步能继续增强人类保护和改善环境的能力。要协调两者的关系,首先要改变传统的发展模式,把保护和改善环境作为社会经济发展和科学技术发展的重要内容和目标(梅海林,2016)。

当矿产资源开发排放的废弃物超过环境容量时,大量的劳动力和资金被投入以确保环境质量。这部分劳动力在社会生产中越来越必要。同时,为确保环境资源的可持续利用,我们还必须改变环境资源的自由使用,衡量环境资源,实施有偿使用。资源开发活动以经济信息的形式反馈到国家经济计划和会计系统中,以确保经济决策考虑到矿产资源开发的直接即时影响及间接长期影响。

2.2.3 可持续发展理论

联合国环境与发展署于1987年发布的《布伦特兰报告》将可持续发展定义为:在不损害后代并满足其需求能力的前提下,满足当前需求的发展。可持续发展意味着我们交给后代的不仅是一个充满了公路、学校、历史建筑的"人造都市",还是一个充满了知识与技术的"智慧都市",以及一个有着清洁空气、清洁水源、热带雨林、臭氧层和生物多样性的"自然都市"。《布伦特兰报告》概述了可持续发展的几个重要特点:保持现有生活水平,保持对资源的持续利用,避免持续的环境破坏;同时,应该依靠地球的自然产出来维持社会的发展,而不是消耗地球的资源(刘剑平,2007)。

查尔斯·D.科尔斯塔德(2016)认为可持续发展的主要研究基础包括以下3点:①环境承载力理论。环境支持人类活动的能力是有限的,如果人类活动超过这个限度,将导致许多环境问题。环境承载力可作为判断人类社会经济活动与环境协调程度的基础。②环境价值理论。环境价值应该是可量化的。环境为人类社会提供了存在与发展的空间,人类的生产、发展和社会的进步都与环境的作用密不可分。③协调发展理论。协调发展理论也可以称为环境场理论,指的是发展与环境的"调试"和"匹配"。

可持续发展是矿产资源开发-经济-环境协调发展的内在要求。实现可持续发展的最终目的就是发展并不意味着一味地消耗地球资源,对于现有的不利于环境的开发行为应该加强管理,甚至予以取消,最好在规划阶段采取措施,提前减少不利的环境影响因素,或者避免某些特定的发展行为。

经济与社会的发展都必须考虑环境状况。Kenneth生动地描述了"通量经济"与"宇宙飞船经济"的二分法,如图2-2所示。经济发展的目的是增加国内生产总值,并利用更多的投入来获得更多的产品和服务,却因此也造成了扭曲:高产量不仅带来产品和服务,也带来更多的浪费;增加投资需要更多的资源,自然环境成为资源的来源和浪费的载体。环境污染和资源枯竭总是伴随着经济的发展(李天星,2013)。

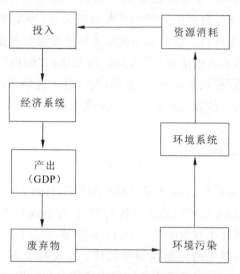

图2-2 在环境背景下的经济发展过程

各国政府和国际机构已经意识到,经济和社会的发展与自然环境是相互作用的,人类活动与生态系统也会相互影响。为了更好地处理这种相互作用,人们做了很多次尝试,但是1992年CEC(Commission of the European Communites,欧盟委员会)揭示了可怕的趋势:环境质量正在遭受毁灭性的破坏。该报告指出:截至2000年,私人汽车拥有量已经增加了25%,公路里程也已经增加了17%;景观回收利用率在不断提高,但在1987—1992年之间,城市废弃物仍然增加了13%;1970—1985年,欧洲平均用水量也增加了35%;1990—2000年间,地中海的旅游业市场增加了60%(曾贤刚等,2012)。这些趋势在发展中国家或许更为显著,因为这些地方的人口增长速度快,并且生活水平较低,这将对环境和资源造成更大的压力。中欧、东欧及世界上很多其他地方的环境状况都很糟糕,这加重了形势的紧迫感。

2.2.4 环境库兹涅茨理论

环境库兹涅茨理论揭示了矿产资源开发、经济、环境三者之间的关系,提供了三者协调发展的可行性(Ya et al.,2016)。Grossman 等(1992)首次对全球环境监测系统中的城市空气质量数据进行了实证研究。结果发现,人均收入与污染物排放之间的关系呈"倒 U"形曲线,呈现先上升后下降的趋势,并在处于中等收入水平时,污染物排放量达到峰值。相关学者进一步证实了人均收入水平与生态环境质量之间的"倒 U"形曲线关系(钟茂初等,2010)。此后,人均收入水平与生态环境质量的关系被称为环境库兹涅茨曲线(EKC)。EKC 的含义是,随着人均收入的增加,在达到生态恶化的"阈值"之前,必然会出现人均收入超过"门槛"的现象,经过改善后,人均收入有助于改善生态环境质量或"保护生态环境的最佳方式甚至唯一办法就是让人变得富裕"。

2.2.5 系统科学理论

系统科学理论为矿产资源开发、经济和环境的协调发展提供了理论和方法论基础。系统分析方法可以站在时代的前沿,建造高层建筑,并观察整体情况,为现代复杂问题提供有效的思考方式(李艳等,2003)。系统科学理论以整体为核心,强调事物发展的完整性和系统性。系统科学不仅考虑同一层次结构的各个部分的相互作用,还考虑不同层次之间的相互作用。

从系统科学来看,长江经济带矿产资源、经济、环境不仅是单一系统,还可以构成一个复合系统。矿产资源开发、经济、环境 3 个子系统之间存在着相互促进、相互制约的复杂关系。系统优化方法是基于整体方法的最有特色的系统方法。我们应该正确处理整个系统与要素、整体和地方之间的关系,而不应局限于地方效应或利益。在讨论矿产资源开发、经济或环境问题的根本原因时,我们不能仅从单一的角度看问题,否则会忽视其他要素造成的影响。例如,从经济角度分析可知矿产资源开发和环境问题具有固有的缺点,即经济学基于假设模型。经济行为的无限扩大将导致最终结果出现偏差。事实也证明,目前并非所有经济政策都是良好的和有效的。因此,不难发现,唯有科学分析三者之间的相互关系并理性选择最优化路径才会对解决区域矿产资源开发、环境保护、经济发展的协调问题有所突破。在经济高质量发展与美丽中国建设背景下,如何促进长江经济带的协调发展已成为新时期中国社会经济建设的重要问题。以系统科学思维研究矿产资源开发、经济发展、环境保护之间的耦合协调度,对于推动长江经济带协调发展并做出最优决策来说十分恰当(王淇,2019)。

2.3 定量分析方法

2.3.1 向量自回归分析方法

向量自回归模型(简称 VAR 模型)主要应用于宏观经济学,在 VAR 模型产生之初,很多学者认为 VAR 模型在预测方面要强于结构方程模型(夏春萍等,2012)。

经济理论往往无法对经济变量之间的动态关系提供严格的定义,这导致在解释变量过程中,方程中会出现内生变量在哪一侧的问题(朱孔来等,2011)。这个问题使估计与推理变得复杂和模糊。VAR 模型的一般数学表达式如下:

$$\boldsymbol{y}_t = \boldsymbol{v} + \boldsymbol{A}_1 \boldsymbol{y}_{t-1} + \cdots + \boldsymbol{A}_p \boldsymbol{y}_{t-p} + \boldsymbol{B}_0 \boldsymbol{x}_t + \boldsymbol{B}_1 \boldsymbol{x}_{t-1} + \cdots + \boldsymbol{B}_q \boldsymbol{x}_{t-q} + \boldsymbol{\mu}_t$$

$$\boldsymbol{y}_t = (y_{1t}, \cdots, y_{Kt}) \quad \text{其中 } t \in \{-\infty, +\infty\} \quad (2-1)$$

式中:$\boldsymbol{v}$——常数向量;

$\boldsymbol{y}_t = (y_{1t}, \cdots, y_{Kt})$——$K \times 1$ 阶随机变量向量;

$\boldsymbol{A}_1 \sim \boldsymbol{A}_p$——$K \times K$ 阶参数矩阵;

$\boldsymbol{x}_t$——$M \times 1$ 阶内生变量向量;

$\boldsymbol{B}_0 \sim \boldsymbol{B}_q$——$K \times M$ 阶估计系数矩阵;

$\boldsymbol{\mu}_t$——误差向量,假定 $\boldsymbol{\mu}_t$ 是白噪声序列,即 $E(\boldsymbol{\mu}_t) = 0$,并且 $E(\boldsymbol{\mu}_t \boldsymbol{\mu}_t') = 0$。

在实际应用过程之中,滞后期 p 和 q 可以完全反映构建模型的所有动态关系信息。但它也有一个明显的缺陷:如果滞后期更长,则估计的参数越多,自由度越低。因此,有必要在自由度与滞后期之间找到平衡状态。一般选取施瓦茨准则(Schwartz criterion, SC)和赤池信息准则(Akaike information criterion, AIC)统计最小量的滞后期。

研究人员为了得到一个全面的影响,认为 VAR 模型中的系数影响不大,而 VAR 相关的脉冲响应函数可以全面反映变量之间的动态关系,同时方差分解可以将 VAR 系统中的变量分解为各个扰动项,提供了影响 VAR 模型中每一个干扰因素的相对程度。

2.3.2 耦合协调度分析方法

耦合包括发展与协调。发展体现在系统从低到高、从简单到复杂的演变，而协调则强调系统之间和系统内部的协调和协调发展程度。因此，由发展与协调组成的系统之间的耦合关系意味着发展的"数量扩展"和协调的"质量提升"两个不可或缺的部分（马丽等，2012）。

耦合表征了系统之间协调和发展的整体情况。一方面，只强调发展的耦合可能导致系统协调性低；另一方面，只关注协调可能会导致"低发展陷阱"的错误协调。系统耦合度的测量必须综合考虑系统的"发展"与"协调"两个维度（王少剑等，2015），由此定义的一般耦合协调度计算公式为：

$$D = \sqrt{C \times T} \tag{2-2}$$

式中：D—— 耦合协调度；

C—— 发展度；

T—— 协调度。

耦合协调度的判别标准如表 2-1 所示。

表 2-1 耦合协调度的判别标准和类型划分

负向(失调)		正向(协调)	
耦合协调度	类型	耦合协调度	类型
0~0.1	极度失调	0.5~0.6	勉强协调
0.1~0.2	严重失调	0.6~0.7	初级协调
0.2~0.3	中度失调	0.7~0.8	中级协调
0.3~0.4	轻度失调	0.8~0.9	良好协调
0.4~0.5	濒临失调	0.9~1	优质协调

2.3.3 空间自回归与空间误差分析方法

许多经济数据都涉及一定的空间位置。比如，研究全国各省（区、市）的国内生产总值、投资、贸易、研发等数据。Waldo 提出的"地理学第一定律"（first law of geography）较为贴切地表达这一思想，即所有的事物都与其他事物相关，但越近的事物相关性越强（陈强，2015）。

对于时间序列,最常见的建模方法是一阶自回归(于斌斌,2015)。但空间自回归的形式更复杂,因为空间滞后可能来自不同的方向,可以是双向的。对于空间序列,矩阵 W 则为空间权重矩阵,其元素排列方式表现出多样性(因为空间自相关可以多方向)(钟昌标,2010;张学良,2012)。为此,引入以下空间自回归模型(spatial autoregression,SAR)

$$Y = \lambda W_y + \varepsilon \tag{2-3}$$

式中:Y——因变量;

λ——空间自回归系数;

W_y——空间滞后项,衡量观测值之间的相互作用程度;

ε——误差项。

空间依赖性还可能通过误差项来体现。空间误差模型(spatial errors mode,SEM)如下:

$$\begin{cases} Y = \beta X + u \\ u = \rho M u + \varepsilon \\ \varepsilon \sim N(0, \sigma^2 I_n) \end{cases} \tag{2-4}$$

式中:u——扰动项;

M——空间权重矩阵;

ρ——自回归系数。

具体模型设置见本书"6.2.1 空间计量模型构建"。

第3章 长江经济带矿产资源开发与经济发展的协调关系

为了深入理解长江经济带矿产资源开发和经济之间的耦合关系,本章从长江经济带矿产资源的现状特征出发,对长江经济带的矿产资源赋存特点与发展状况进行梳理和总结,再通过 VAR 模型分析 1990—2017 年长江经济带矿产资源开发和经济的相互作用程度,探索未来长江经济带矿产资源开发的发展方向,同时为长江经济带矿产资源-经济-环境耦合协调发展研究提供依据。

3.1 矿产资源分布与矿业发展

长江经济带横跨我国东部、中部、西部三大区域,面积大,范围广,资源环境条件总体优越,优势明显,承载力强。1949 年以来,长江经济带矿产资源开发对国家和区域经济社会发展提供了重要的原材料,资源供应保障一直是该区域矿产资源开发的主基调,矿业产值及经济总量不断提高。截至 2016 年,长江经济带沿线有有色金属、铁矿石、页岩气等多条成矿带;稀土、钛等矿产储量占全国 80% 以上;锂、钨、锡、钒等资源储量占全国 50% 以上;页岩气资源潜力巨大,可采资源量 15.5 万亿 m^3,占全国的 62%(王孟,2015)。

3.1.1 长江经济带矿产资源分布特征

长江经济带地势西高东低,上游、中游、下游差异显著,矿产资源条件与地貌及地质背景密切相关,涉及重要成矿带 8 个(表 3-1),矿产资源种类多、储量大、成矿条件较好。

表 3-1 长江经济带主要成矿带情况

成矿带	地区	主要矿种
西南三江成矿带	四川、云南	铜、钼、银、金、铅、锌、钼
上扬子西缘成矿带	湖北、重庆、四川、贵州、云南	铁、钛、钒、铜、铅、锌、铂、银、金、稀土
上扬子东缘成矿带	湖北、湖南、重庆、贵州	锑、金、磷、滑石
桐柏-大别成矿带	安徽、湖北	金、银、铜、铅、锌、钼
长江中下游成矿带	江苏、浙江、安徽、湖北	铜、金、铁、铅、锌、硫
江南陆块南缘成矿带	上海、浙江、安徽、江西、湖南	铜、钼、金、银、铅、锌
南岭成矿带	江西、湖南	锡、银、铅、锌、稀土
武夷山成矿带	浙江、江西	铅、锌、银、锡、钨、稀土

资料来源：长江经济带各省市2016年的矿产资源开发总体规划。

长江经济带是我国重要的矿产资源基地，有色金属、黑色金属和非金属矿业在当地经济社会发展中占有较重要的地位，对我国资源保障起到积极作用。

以下是长江经济带资源基地在上游、中游、下游地区的分布情况。

(1)上游地区。云南、贵州、四川、重庆4个省市的煤炭、铁、锰、铝土矿、稀土、磷矿等矿产资源丰富。综合考虑该区域的资源禀赋特点、开发利用条件、环境承载力和区域产业布局等情况及各省市的矿产资源开发总体规划，该区域共建设13处能源资源基地作为保障区域资源安全供应的战略核心区域；以煤炭、有色金属、战略性矿产为重点，该区域划定30个国家规划矿区作为重点监管区域，并划定对国民经济具有重要价值的3个黑色金属矿区和3个有色金属矿区作为重点储备和保护区域。

(2)中游地区。江西、湖南的有色金属和稀土等矿产资源丰富，湖北的磷矿资源丰富。根据该区域矿产资源特点及各省的矿产资源开发总体规划，该区域共建设能源资源基地13处，分别为黑色金属矿产3处、有色金属矿产5处、非金属矿产1处、战略性新兴产业矿产4处；在生产力布局、基础设施建设、资源配置、重大项目安排及相关产业政策方面给予重点支持和保障，大力推进资源规模开发和产业集聚发展；以有色、稀土等矿产资源为重点，划定21个国家规划矿区作为重点监管区域；建设资源高效开发利用示范区，实行统一规划，优化资源开发布局；划定对国民经济具有重要价值的10个有色金属矿区和5个稀土矿区作为资源储备和保护区域，经严格论证和批准后，转为国家规划矿区进行统一开发与利用。

(3)下游地区。其矿产资源主要集中分布在安徽,其他三地(上海、浙江、江苏)的矿产资源比较稀缺。根据该区域的资源条件及各省市的矿产资源开发总体规划,该区域共建设能源资源基地1处,为有色金属矿产;以能源矿产为重点,在安徽划定国家规划矿区4处,目前该区域需加强矿山生态环境保护与恢复治理,对煤炭开采进行严格的总量调控管制;划定对国民经济具有重要价值的铜多金属矿区1个,在转为国家规划矿区前进行严格的论证。

长江经济带矿产资源基地空间分布及大型矿产资源基地基本情况见表3-2和表3-3。

表3-2 长江经济带重要矿产资源基地分布

矿产分类	矿种	名称
能源矿产	油气	四川盆地天然气勘查开发基地
	煤炭	云贵基地
黑色金属矿产	铁矿	四川攀西铁矿资源勘查开发基地、湖北鄂东铁矿资源勘查开发基地
	锰矿	黔东-湘西锰矿勘查开发基地、湘西南-桂中锰矿勘查开发基地
有色金属矿产	铜矿	安徽铜陵地区铜矿勘查开发基地、湖北大冶-江西九瑞地区铜矿勘查开发基地、江西赣东北德兴地区铜矿勘查开发基地
	铝土矿	贵州铝土矿勘查开发基地
	铅锌矿	云南滇西南铅锌矿勘查开发基地
	钨、锡、锑等金属矿	江西武宁-修水地区钨矿勘查开发基地、湖南湘南钨锡锑多金属矿勘查开发基地、江西赣南钨矿勘查开发基地、云南滇东南多金属矿勘查开发基地
	金矿	贵州贞丰-普安金矿勘查开发基地
非金属矿产	磷矿	云南滇中磷矿勘查开发基地、贵州开阳-瓮福磷矿勘查开发基地、湖北宜昌-兴山-保康磷矿勘查开发基地
战略性新兴产业矿产	稀土	四川凉山轻稀土勘查开发基地、江西赣州重稀土勘查开发基地、湖南重稀土勘查开发基地
	石墨	湖南郴州石墨勘查开发基地、湖北宜昌石墨勘查开发基地、四川巴中石墨勘查开发基地

资料来源:长江经济带各省市2016年的矿产资源开发总体规划。

第3章 长江经济带矿产资源开发与经济发展的协调关系

长江经济带的矿产资源不仅包括常见的煤炭、石油、天然气等能源矿产资源,还包括钨、锡、铀、稀土等国家战略性矿产资源。其中,煤炭主要分布在安徽、贵州、四川等地,稀土主要分布在江西等地。

长江经济带矿产资源空间分布不均,资源依赖性强。煤炭主要产自上游地区和下游地区,但下游地区产业集中度更高。战略性能源矿产开采以煤炭为主,截至2016年,矿石开采量为29 702.68万t。矿石开采主要来自下游安徽省和上游四川省、贵州省和云南省,中游地区煤炭矿石开采量较少。其中,上游地区矿山数量多,大、中型矿山占比小;下游地区矿山数量少,但大、中型矿山占比高。从矿种来看,金、钨、锂、铝、锡矿石产量高且集中,大、中型矿山矿石产量占比高;战略性金属矿产中开采量较大的包括铁、铜、金、钨、锂、铝、锡等,且集中于一两个省份,大、中型矿山的矿石产量占比较高,产业集中度较高;其他战略性金属矿产在长江经济带没有产出,见表3-3。

表3-3 2016年长江经济带部分矿种的矿山数和矿石产量

矿种	地区	矿山数/座	矿石产量/万t	占比/%
铁	安徽	104(30)	3 735.95(3 640.42)	28.41
	四川	101(27)	6 511.22(6 413.7)	49.52
铜	江西	50(9)	5 692.3(5 663.9)	67.35
	云南	233(19)	1 020.6(954.54)	12.08
金	云南	73(11)	552.51(412.11)	39.27
钨	江西	88(20)	677.9(544.6)	71.26
	湖南	23(6)	247.3(167.99)	25.99
铝	贵州	85(14)	333.74(114.21)	62.59
	云南	2(2)	195.21(195.21)	36.61
锡	云南	65(6)	401.63(396.1)	79.51
镍	四川	6(3)	3.87(0)	86.58
钼	浙江	10(0)	2.19(0)	100

注:括号内为大、中型矿山的数量及矿石产量。
数据来源:《中国矿业年鉴(2016)》。

我国是世界第一大稀土资源国,截至2012年,已探明的稀土资源量约6588万t。江西省和四川省是长江经济带稀土资源储量最丰富的地区,也是全国的主要稀土产区。江西省和四川省轻稀土产量分别占全国产量的

35.98%和27.27%,江西省重稀土产量占全国产量的100%。两省主要优势包括矿种和稀土元素齐全、稀土品位高及矿点分布合理等,为我国稀土工业的发展奠定了坚实的基础(图3-1)。

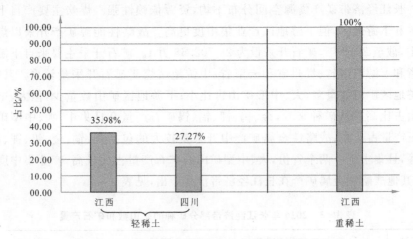

图3-1 2016年长江经济带稀土产量占全国产量比例
数据来源:《中国矿业年鉴(2016)》。

长江经济带的战略性非金属矿产开采主要为磷矿和普通萤石。大、中型磷矿矿山占比较高,大、中型普通萤石矿山占比低。磷矿主要产自湖北省、四川省、贵州省和云南省,其大、中型矿山数量占比在45%以上,大、中型矿山矿石产量占比超过80%。普通萤石主要产自浙江省、江西省和湖南省,其大、中型矿山数量占比不到10%,但大、中型矿山矿石产量占比超过55%。

长江经济带非战略性矿产资源中开采量最大的是建材类非金属矿产,主要包括水泥、玻璃、陶瓷、砖、瓦、砂、石、建筑面饰石材等。建材类非金属矿产开采量巨大,约占区域内矿石开采总量的70%。除上海市外,各省市都有较大的开采量。据各省市的矿产资源开发总体规划显示,截至2016年,非战略性矿产资源的矿石总开采量达201 955.55万t,占全国总量的50%以上。

3.1.2 长江经济带矿业发展特征

长江经济带矿山数量和从业人数呈下降趋势,矿石产出和矿业工业总产值呈先增后减趋势。2007—2016年的10年间,长江经济带乃至全国矿山企业数量和从业人数均呈持续下降趋势,截至2016年底,矿山企业数量和从业人数均分别比2007年减少约1/3和1/2。从区域上看,长江经济带各省市的矿山企业数和从业人数都有明显减少;从结构上看,长江经济带的大、中型矿山企业数量保持平稳,小型矿山企业数量稳中有降,小矿矿山企业数量大幅减少,矿业产业集中度明显提升。2007—2016年的10年间,全国及长江经济带的矿石产量和矿业工业总产值均呈先增长后下降趋势,但长江经济带变化幅度相对较小;长江经济带内各省市矿石产量和矿业工业总产值变化情况差异较大,矿石产量和矿业工业总产值越高,各省市的变化幅度相对越大。

截至2016年底,长江经济带的矿业从业人数为1 336 153人,工业增加值达750亿元以上;从经济贡献来看,下游和中游矿区对就业和工业增加值的贡献相对较小,上游矿区的贡献相对较大,见表3-4。

表3-4 2016年长江经济带矿业从业人员数量和工业增加值

地区	从业人员数量/人	从业人员数量占比/%	工业增加值/万元	工业增加值占比/%
上海	546	0.004	6 656.32	0.08
江苏	69 908	5.23	437 045	5.82
浙江	34 672	2.59	338 944.6	4.51
安徽	216 401	16.20	1 881 941	25.06
江西	141 111	10.56	952 968.8	12.69
湖北	74 484	5.57	495 813.6	6.60
湖南	159 612	11.95	404 717.2	5.39
重庆	67 349	5.04	265 333.8	3.53
四川	198 069	14.82	777 565.7	10.35
贵州	169 072	12.65	707 242.4	9.42
云南	204 929	15.34	1 241 209	16.53
长江经济带	1 336 153	—	7 509 437	—

数据来源:《中国矿业年鉴(2016)》。

长江经济带的矿山数量多,但大、中型矿山的占比较低;产出较大,但产值偏低。截至2016年底,长江经济带总共有35 039座矿山,其中大型矿山1392座、中型矿山2242座、小型矿山21 789座、小矿9616座,占比分别为3.97%、6.40%、62.18%、27.44%,其中小型矿山和小矿占比偏高,合计占比约90%;同时,与全国各种类型矿山数量占比相比,长江经济带的大、中型矿山数量占比低于全国大、中型矿山数量的占比,而小型矿山数量占比高于全国小型矿山数量的占比,如图3-2所示。

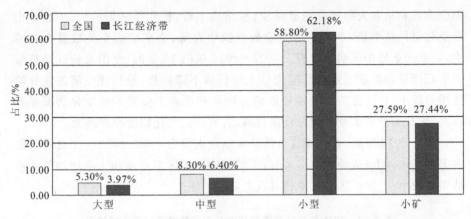

图3-2 2016年全国和长江经济带大、中、小型矿山及小矿数量比例

数据来源:《中国矿业年鉴(2016)》。

2016年,长江经济带各省市矿石开采总量为280 653.25万t,占全国矿石开采总量的36.22%。其中,能源矿产矿石开采量27 814.03万t,金属矿石开采量23 766.22万t,非金属矿石开采量229 073.00万t,但长江经济带各省市矿业产业工业总产值只占全国矿业产业工业总产值的26.53%,矿业整体产出偏低,如表3-5所示。

表3-5 2016年长江经济带大型、中型、小型和小矿矿山数量及矿业产业工业总产值

地区	大型矿山/座	中型矿山/座	小型矿山/座	小矿/座	合计/座	矿石产量/万t	矿业产业工业总产值/万元
全国	4140	6667	48 390	24 451	83 648	774 924.54	117 356 204.3
长江经济带	1392	2242	21 789	9616	35 039	280 653.25	31 139 220.1
上海	0	1	23	0	24	58.42	23 266.4
江苏	115	60	699	0	874	15 823.77	1 325 155.3
浙江	467	172	368	41	1048	55 515.27	1 370 896.3
安徽	207	187	662	453	1509	46 761.49	7 826 969.1
江西	68	311	2902	1464	4745	25 288.65	2 761 882.4
湖北	65	137	1341	1147	2690	19 829.88	2 164 656.9
湖南	77	241	3713	1167	5198	24 360.87	2 621 637.8
重庆	61	173	1185	256	1675	14 008.77	1 276 299.3
四川	117	265	3400	1480	5262	23 681.68	3 515 484.4
贵州	156	483	3413	1228	5280	29 926.89	3 797 651.2
云南	59	212	4083	2380	6734	25 397.56	4 455 321.1

数据来源:《中国矿业年鉴(2016)》。

3.2 矿产资源开发与经济协调发展的趋势变化

矿产资源对中国的工业化、城市化、现代化建设有着巨大的贡献,同时经济增长也会提高矿产资源开发水平。国内外学者关于矿产资源开发与区域经济增长方面的研究较多。自"资源诅咒"假说问世后,许多学者在中国区域内进行了实证分析,并对于是否存在"资源诅咒"的问题存在较大的争议,主要原因在于衡量"资源丰裕程度"的方式不同。因此,本书主要采用向量自回归模型(VAR模型)的分析方法,从"资源诅咒"实证中的指标"资源丰裕程度"出发来探究长江经济带的矿产资源与经济发展时序维度的动态作用特征。一方面,分别考察长江经济带矿产资源开发和经济发展两个变量之间的动态冲击反应,进一步考察矿产资源开发与经济发展双方变动时的重要性;另一方面,为长江经济带矿产资源-经济-环境协调发展奠定基础。

3.2.1 向量自回归模型构建

VAR模型通常用于预测互联时间序列系统,并分析随机扰动对可变系统的动态影响,以解释各种经济冲击对经济变量形成的影响。该模型采用多个方程的形式,而不是基于经济理论。在模型的每个等式中,内生变量对模型所有内生变量的滞后项进行回归,以估计所有内生变量的动态关系。由于经济增长本身也是由矿产资源开发和其他因素决定的内生变量,由处理变量的内生性质引起的估计偏差一直是大多数学者关注的焦点。与联立方程估计方法相比,VAR模型的选择受现有理论的约束较少,因为在VAR系统中,所有变量都被视为内生变量,它们对称地进入每个估计方程,很容易观察到矿产资源开发与经济增长之间的长期动态效应,并避免变量的缺失问题。由于难以分析使用VAR模型直接获得测试结果的经济意义,因此通常使用脉冲响应函数(impulse response function,IRF)和方差分析进行分析。VAR模型的表达式如下:

$$\begin{cases} y_t = c + \Pi_1 y_{t-1} + \Pi_2 y_{t-2} + \cdots + \Pi_k y_{t-k} + u_t \\ \Pi_j = \begin{bmatrix} \pi_{11,j} & \pi_{12,j} & \cdots & \pi_{1N,j} \\ \pi_{21,j} & \pi_{22,j} & \cdots & \pi_{2N,j} \\ \vdots & \vdots & \cdots & \vdots \\ \pi_{N1,j} & \pi_{N2,j} & \cdots & \pi_{NN,j} \end{bmatrix} \text{ 其中 } j = 1, 2, \cdots, k \end{cases} \quad (3-1)$$

式中:y_t——$N \times 1$ 阶时间序列向量,$y_t = (y_{1t}, \cdots, y_{Nt})'$;

c——$N \times 1$ 阶常数向量,$c = (c_1, \cdots, c_N)'$;

$\Pi_1 \sim \Pi_j$——$N \times N$ 阶参数矩阵;

u_t——随机误差项,$u_t = (u_{1t}, \cdots, u_{Nt})'$。

对应于不同方程的随机误差项之间可能存在相关性。因为 VAR 模型中每个方程的右侧仅包含内生变量的滞后项,它们与渐近 u_t 无关,因此每个方程可以通过 OLS 方法按顺序估计,并且所获得的参数估计是一致的。VAR 模型的具体操作步骤如下:

(1) 单位根检验。在对数据建立 VAR 模型前需要对数据的平稳性进行检验[主要通过 ADF(augmented Dickey-Fuller)检验],如果数据不平稳,直接通过 OLS 估计容易导致伪回归。其表达式如下:

$$y_t = \mu + \rho y_{t-1} + \varepsilon_t \quad (3-2)$$

式中:ρ——参数;

ε_t——白噪声。

若 $-1 < \rho < 1$,y_t 为平稳序列;若 $\rho = 1$,y_t 为非平稳序列。式(3-2)两侧同时减去 y_{t-1},得:

$$\Delta y_t = \mu + \gamma y_{t-1} + \varepsilon_t, \quad \text{其中 } \gamma = \rho - 1 \quad (3-3)$$

假设:

$$\begin{cases} H_0: \gamma = 0 \\ H_1: \gamma < 0 \end{cases} \quad (3-4)$$

ADF 检验有如下 3 类回归方式:

$$\Delta y_t = \begin{cases} \gamma y_{t-1} + \sum_{i=1}^{p} \beta_i \Delta y_{t-1} + \varepsilon_t \\ \mu + \gamma y_{t-1} + \sum_{i=1}^{p} \beta_i \Delta y_{t-1} + \varepsilon_t \\ a_0 + \gamma y_{t-1} + a_2 t + \sum_{i=1}^{p} \beta_i \Delta y_{t-1} + \varepsilon_t \end{cases}$$

3类回归形式中都带有滞后项 Δy_t,ADF检验主要是通过添加滞后项的方法来减小残差。

(2)滞后期选择。确定数据平稳性之后还需要确定VAR模型的滞后期 p。VAR模型中解释变量的最大滞后期 p 太小,残差可能存在自相关并导致参数估计的非一致性。一般VAR模型滞后期 p 的选择方法有4种,其表达式分别如下。

A. 似然比检验法(likelihood ratio,简称LR检验),其定义为:

$$LR = -2[\ln L_{(k)} - \ln L_{(k+1)}] \sim x^2(N^2) \tag{3-5}$$

式中:$\ln L_{(k)}$——VAR(k)模型的最大似然估计;

$\ln L_{(k+1)}$——VAR($k+1$)模型的最大似然估计;

k——VAR模型中滞后变量的最大滞后期。

LR统计量近似服从卡方分布。

B. 最小最终预测误差准则(find predidyion error,FPE),其定义为:

$$FPE_k(p) = \det \hat{D} = \left(1 + \frac{kp}{T}\right)^k \left(1 - \frac{kp}{T}\right)^{-k} \det(\hat{y}_0 - \sum_{i=1}^{p} \hat{A}_i \hat{y}_i') \tag{3-6}$$

式中:$FPE_k(p)$——p 的函数,$FPE_k(p)$的最小值对应的 p 为模型合适阶数。

C. 赤池信息准则(AIC),其定义为:

$$AIC = -2\left(\frac{\ln L}{T}\right) + \frac{2k}{T} \tag{3-7}$$

D. 施瓦茨准则(SC),其定义为:

$$SC = -2\left(\frac{\ln L}{T}\right) + \frac{k \ln T}{T} \tag{3-8}$$

式中:k——模型参数的数量;

L——对数似然值;

T——观测值数。

AIC 与 SC 一样,选择最佳 k 值的原理是在增加 k 值的过程中使 AIC 值或者 SC 值达到最小。当 AIC 与 SC 对应的最小值不同时,选择对应滞后期为最小的 k 值。

(3)格兰杰非因果性检验。我们需要考察变量之间的关系。格兰杰非因果性检验主要测试变量的滞后变量是否可以引入其他变量方程。如果由 y_t 和 x_t 滞后值确定 y_t 的条件与仅由 y_t 滞后值确定条件的分布相同,即:
$$f(y_t|y_{t-1},\cdots,x_{t-1},\cdots) = f(y_t|y_{t-1},\cdots)$$,则称 x_{t-1} 对 y_t 存在格兰杰非因果性。

格兰杰非因果性检验的表达式为:
$$y_t = \sum_{i=1}^{k} \alpha_i y_{t-1} + \sum_{i=1}^{k} \beta_i x_{t-1} + \mu_{1t} \qquad (3-9)$$

$$x_t = \sum_{i=1}^{k} \alpha_i x_{t-1} + \sum_{i=1}^{k} \beta_i y_{t-1} + \mu_{1t} \qquad (3-10)$$

假设 $H_0:\beta_1=\beta_2=\cdots=\beta_k=0$,检验可用 F 统计量完成,如下:
$$F = \frac{(SSE_0 - SSE_1)/k}{SSE_1/(T-kN)} \sim F(k, T-kN) \qquad (3-11)$$

式中:SSE_0——含有 x_t 时的残差平方和;

SSE_1——不含有 x_t 时的残差平方和。

在给定的显著性水平下,其统计量服从 F 分布,当 $F > F(k, T-kN)$ 时,拒绝 H_0。

(4)协整检验。如果 ADF 检验出的数据不平稳,还需要对 VAR 模型进行协整检验。检验协整关系的零假设为:
$$H_0: rk(\pi) \leqslant r \qquad (3-12)$$

统计量为:
$$LR = -2[\ln L(\hat{\beta})_r - \ln L(\hat{\beta})_u] = -T\Big[\sum_{i=r+1}^{N} \ln(1-\lambda_i)\Big]$$
$$\text{其中}\ r = 0, 1, \cdots, N-1 \qquad (3-13)$$

LR 统计量在零假设 $0 < r < N$ 或"存在 $(N-r)$ 个单位根"条件下不服从 χ^2 分布。

(5)向量误差修正模型。如果 VAR 模型中的内生变量都含有单位根,则可以利用这些变量的一阶差分序列建立平稳的 VAR 模型:

第3章 长江经济带矿产资源开发与经济发展的协调关系

$$\Delta y_t = \Pi_1^* \Delta y_{t-1} + \Pi_2^* \Delta y_{t-2} + \cdots + \Pi_k^* \Delta y_{t-k} + u_t^* \qquad (3-14)$$

然而,当这些变量具有协整关系时,使用差分方法构建的 VAR 模型虽是稳定的,但并不完美。因此,将 VAR 模型变为向量误差修正(vector error correction,VEC)模型,其表达式为:

$$\Delta y_t = (\Pi_1 + \Pi_2 + \cdots + \Pi_k + I) y_{t-1} - (\Pi_2 + \Pi_3 + \cdots + \Pi_k) \Delta y_{t-1} -$$
$$(\Pi_3 + \Pi_4 + \cdots + \Pi_k) \Delta y_{t-2} - \cdots - \Pi_k \Delta y_{t-(k-1)} + u_t \qquad (3-15)$$

令 $\Gamma_j = -\sum_{i=j+1}^{k} \Pi_i, (j=1,2,\cdots,k-1), \Pi = -\Gamma_0 - I$,则式(3-14)变为:

$$\Delta y_t = \Pi y_{t-1} + \Gamma_1 \Delta y_{t-1} + \Gamma_2 \Delta y_{t-2} + \cdots + \Gamma_{k-1} \Delta y_{t-(k-1)} + u_t \qquad (3-16)$$

根据格兰杰定理,向量误差修正模型的表达式为:

$$A^\dagger(L) \Delta y_t = \alpha \beta' y_{t-1} + d(L) u_t \qquad (3-17)$$

式中:$A^\dagger(L)$——多项式矩阵 $A(L)$ 分离出因子 $(1-L)$ 后降低一阶的多项式矩阵;

$\beta' y_{t-1}$——误差修正项;

$d(L)$——由滞后值表示的多项式矩阵。

y_{t-k} 有如下 3 种可能:当 y_t 的分量不存在协整关系,$\Pi=0$;若 $\text{rank}(\Pi)=N$,保证 Πy_{t-k} 平稳的唯一可能是 $y_t \sim I(0)$;当 $y_t \sim I(1)$;若 Πy_{t-k} 平稳,只有一种可能性,即 y_t 存在协整关系。

(6)脉冲响应函数和方差分解。Sims 依据 $\text{VMA}(\infty)$ 表示,提出了方差分解的方法,首先根据脉冲影响函数:

$$y_{jt} = \sum_{j=1}^{k} (\theta_{ij}^{(0)} \varepsilon_{jt} + \theta_{ij}^{(1)} \varepsilon_{jt-1} + \theta_{ij}^{(2)} \varepsilon_{jt-2} + \cdots + \theta_{ij}^{(T)} \varepsilon_{jt-T}) + \varepsilon_t$$
$$\text{其中 } t = 1,2,\cdots,T \qquad (3-18)$$

并且假定 ε_j 序列不相关,则:

$$E[(\theta_{ij}^{(0)} \varepsilon_{jt} + \theta_{ij}^{(1)} \varepsilon_{jt-1} + \cdots + \theta_{ij}^{(T)} \varepsilon_{jt-T})^2] = \sum_{q=0}^{\infty} (\theta_{ij}^{(q)})^2 \sigma_{jj} \qquad (3-19)$$

继续假定扰动向量的协方差阵是对角阵,则 y_i 的方差是上述方差的 k 项简单和:

$$\text{VAR}(y_i) = \sum_{j=1}^{k} \left\{ \sum_{q=0}^{\infty} (\theta_{ij}^{(q)})^2 \sigma_{jj} \right\} \quad \text{其中 } i=1,2,\cdots,k \qquad (3-20)$$

那么 y_i 的方差可以分解成 k 种不相关的影响,因此,为了测定各个扰动项

对 y_i 的方差有多大程度的贡献:

$$\mathrm{RVC}_{j \to i}(\infty) = \frac{\sum_{q=0}^{\infty}(\theta_{ij}^{(q)})^2 \sigma_{jj}}{\mathrm{VAR}(y_i)} = \frac{\sum_{q=0}^{\infty}(\theta_{ij}^{(q)})^2 \sigma_{jj}}{\sum_{j=1}^{k}\left\{\sum_{q=0}^{\infty}(\theta_{ij}^{(q)})^2 \sigma_{jj}\right\}} \quad (3-21)$$

然而,如果模型满足平稳性的条件,则 $\theta_{ij}^{(q)}$ 随着 q 的增长呈几何级数减少,所以只取有限的 s 项,有:

$$\begin{cases} \mathrm{RVC}_{j \to i}(\infty) \approx \mathrm{RVC}_{j \to i}(s) \\ 0 \leqslant \mathrm{RVC}_{j \to i}(s) \leqslant 1 \\ \sum_{j=1}^{k} \mathrm{RVC}_{j \to i}(s) = 1 \\ j = 1, 2, \cdots, k \\ i = 1, 2, \cdots, k \end{cases} \quad (3-22)$$

如果 $\mathrm{RVC}_{j \to i}(s)$ 大时,说明第 j 个变量对第 i 个变量的影响大;反之,第 j 个变量对第 i 个变量的影响小。

3.2.2 数据来源与处理

本书主要采用 VAR 模型研究长江经济带矿产资源开发和经济发展的关系。其中,所使用的矿产资源开发指标类似于"资源依赖",大多数学者都认为"资源依赖"和"资源禀赋"没有严格的区别。根据数据的可获得性,本书参考了有关自然资源丰富度衡量标准的相关文献,考虑到矿产资源加工行业与多部门密切相关,在数据获取上无法正确衡量,采用煤炭开采和洗选业、石油和天然气开采业、黑色金属矿采选业、有色金属矿采选业及非金属矿采选业等采掘业细分行业的总产值表示矿产资源开发指数;经济发展指标直接采用地区生产总值作为经济发展指数来表示。所选的数据主要来源于《中国统计年鉴》(1990—2017)、《中国工业经济统计年鉴》(1990—2017),对于无法直接获取的数据,采取加权平均法对缺失指标赋值补缺,整个 VAR 模型计算采用 EVIEWS 9.0 软件完成。图 3-3~图 3-5 报告了矿产资源开发指数(R)和经济发展指数的时序图及对数时序图。

第3章 长江经济带矿产资源开发与经济发展的协调关系

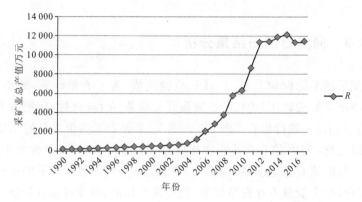

图 3-3 1990—2017 年矿产资源开发指数(R)时序图

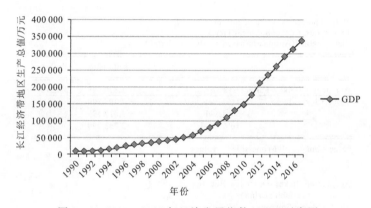

图 3-4 1990—2017 年经济发展指数(GDP)时序图

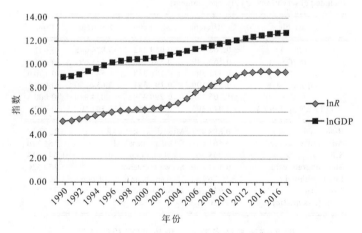

图 3-5 1990—2017 年 R 和 GDP 对数时序图

3.2.3 向量自回归结果分析

(1)变量的平稳性检验采用 ADF 检验完成,为了方便计算,缩小绝对数值,先对经济发展指数(GDP)、矿产资源开发指数(R)取对数,分别为 lnGDP、ln$R$,再对它们逐一进行检验。图 3-6、图 3-7 报告了两个变量的 ADF 检验结果,可以发现,ADF 值在有截距项和趋势项下都小于 5% 显著性水平下的临界值,同时截距项 C 和趋势项 TREND 都通过了 5% 显著性水平的检验,表明拒绝原假设,两个变量不存在单位根,数据是平稳的,因此可以直接进行 VAR 模型估计,不需要进行协整检验。

Null Hypothesis: ln$R$ has a unit root
Exogenous: Constant, Linear Trend
Lag Length: 3(Automatic-based on SIC, maxlag=6)

		t-Statistic	Prob.*
Augmented Dickey-Fuller test statistic		−3.870 048	0.029 9
Test critical values:	1% level	−4.394 309	
	5% level	−3.612 199	
	10% level	−3.243 079	

*Mac Kinnon (1996) one-sided p-values.

Augmented Dickey-Fuller Test Equation
Dependent variable: D(ln$R$)
Method: Least Squares
Date: 04/13/19   Time: 15:58
Sample (adjusted): 1994 2017
Included observations: 24 after adjustments

Variable	Coefficient	Std. Error	t-Statistic	Prob.
ln$R$(−1)	−0.268 359	0.069 342	−3.870 048	0.001 1
D(ln$R$(−1))	0.366 149	0.171 202	2.138 691	0.046 4
D(ln$R$(−2))	0.311 504	0.196 318	1.586 737	0.130 0
D(ln$R$(−3))	0.529 100	0.199 341	2.654 250	0.016 1
C	1.205 348	0.299 479	4.024 810	0.000 8
@TREND("1990")	0.047 305	0.013 357	3.541 501	0.002 3

R-squared	0.688 481	Mean dependent VAR	0.157 917
Adjusted R-squared	0.601 948	S.D. dependent VAR	0.151 370
S.E. of regression	0.095 501	Akaike info. criterion	−1.647 033
Sum squared resid	0.164 169	Schwartz criterion	−1.352 520
Log likelihood	25.764 40	Hannan-Quinn info. criterion	−1.568 899
F-statistic	7.956 265	Durbin-Watson stat.	−1.917 261
Prob. (F-statistic)	0.000 416		

图 3-6 矿产资源开发指数 ADF 检验结果

Null Hypothesis: ln$R$ has a unit root
Exogenous: Constant, Linear Trend
Lag Length: 3(Automatic-based on SIC, maxlag=6)

		t-Statistic	Prob.*
Augmented Dickey-Fuller test statistic		−5.762 667	0.000 5
Test critical values:	1% level	−4.394 309	
	5% level	−3.612 199	
	10% level	−3.243 079	

*Mac Kinnon (1996) one-sided p-values.

Augmented Dickey-Fuller Test Equation
Dependent variable: D(ln$R$)
Method: Least Squares
Date: 04/13/19 Time: 15:56
Sample (adjusted): 1994 2017
Included observations: 24 after adjustments

Variable	Coefficient	Std. Error	t-Statistic	Prob.
ln$R$(−1)	−0.523 452	0.090 835	−5.762 667	0.000 0
D(ln$R$(−1))	0.746 860	0.136 285	5.480 133	0.000 0
D(ln$R$(−2))	−0.148 416	0.172 157	−0.862 093	0.400 0
D(ln$R$(−3))	0.528 834	0.153 093	3.454 375	0.002 8
C	4.691 480	0.801 097	5.856 318	0.000 0
@TREND("1990")	0.071 755	0.012 669	5.663 775	0.000 0

R-squared	0.879 354	Mean dependent VAR	0.142 500
Adjusted R-squared	0.845 841	S.D. dependent VAR	0.063 810
S.E. of regression	0.025 054	Akaike info. criterion	−4.323 261
Sum squared resid	0.011 299	Schwartz criterion	−4.028 747
Log likelihood	57.879 13	Hannan-Quinn info.criterion	−4.245 126
F-statistic	26.239 32	Durbin-Watson stat.	1.810 751
Prob. (F-statistic)	0.000 000		

图 3-7 经济发展指数 ADF 检验结果

(2)最佳滞后期的选择是根据上述 4 个通用准则进行比较后得出的。通过 ADF 检验时给出的最大滞后阶数为 6,因此,考虑在最大滞后阶数内比较不同滞后期的值。可以发现,滞后阶数为 5 时,LR、FPE、SC 的值最小,因此选取最佳滞后阶数 5,图 3-8 显示了滞后期选择的检验结果。

(3)通过格兰杰非因果性检验反映变量之间的相互关系。由于格兰杰非因果性检验严格依赖于满足白噪声序列这一假设前提,因此,格兰杰非因果性检验时的滞后阶数与 ADF 检验时的滞后阶数相同。图 3-9 为格兰杰非因果性检验的检验结果,检验结果表明在 5% 显著性水平下,二者存在单向因果关系。

VAR Lag Order Selection Criteria
Endogenous variables: $\ln R$ $\ln GDP$
Exogenous variables: C
Date: 04/13/19 Time: 16:07
Sample: 1990 2017
Included observations: 22

Lag	lg$l$	LR	FPE	AIC	SC	HQ
0	−26.260 01	NA	0.044 756	2.569 092	2.668 277	−2.592 457
1	59.207 36	147.625 5	2.73×10^{-5}	−4.837 033	−4.539 476	−4.766 937
2	68.251 71	13.977 6 3	1.75×10^{-5}	−5.295 610	−4.799 681	−5.178 784
3	72.694 24	6.058 003	1.73×10^{-5}	−5.335 840	−4.641 541	−5.172 284
4	80.912 01	9.711 911	1.25×10^{-5}	−5.719 274	−4.826 603	−5.508 988
5	91.283 81	10.371 79*	$7.68\times10^{-6*}$	−6.298 528	−5.207 485*	−6.041 511
6	96.223 33	4.041 432	8.24×10^{-6}	−6.383 939*	−5.094 526	−6.080 192*

*indicates lag order selected by the criterion.
LR: sequential modified LR test statistic (each test at 5% level)
FPE: Final prediction error
AIC: Akaike information criterion
SC: Schwartz criterion
HQ: Hannan-Quinn information criterion

图 3-8　滞后期选择的检验结果

Pairwise Granger Causality Tests
Date: 04/13/19 Time: 16:12
Sample: 1990 2017
Lags: 3

Null Hypothesis:	Obs.	F-Statistic	Prob.
$\ln R$ does not Granger Cause $\ln GDP$	25	3.697 19	0.031 1
$\ln GDP$ does not Granger Cause $\ln R$		1.224 82	0.329 5

图 3-9　格兰杰非因果性检验的检验结果

（4）VAR 模型的稳定性是脉冲效应的前提。稳定性是指在 VAR 模型中对方程施加影响时，影响过程是否会随时间消失的分析。只有稳定的 VAR 模型才不会由于受到冲击而发生长久的改变。借助 AR 模型的概念，n 阶差分方程的解是数列，当数列收敛时，时间序列就是平稳的，模型也是稳定的。通过差分方程的解析过程可以发现，当且仅当特征方程的根在单位圆内时，差分方程有收敛解。从图 3-10 中可以发现，所有的点都在圆内，且图 3-11 中的系数均小于 1，这表明模型是稳定的，可以进行脉冲效应及方差分解分析。

（5）运用 GIRF（generalized impulse response function，广义脉冲响应函数）方法来分别考察矿产资源开发指数与经济发展指数的冲击响应得到分析结果。其中，影响的标准偏差通过蒙特卡罗模拟方法获得。同时，考虑样本数据容量，将影响响应时段设置为 10 个时段。观察图 3-12 中的模拟结果，可

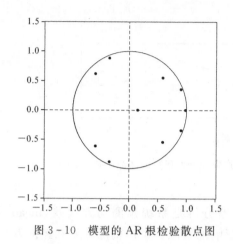

图 3-10 模型的 AR 根检验散点图　　图 3-11 模型的 AR 根检验结果

以发现在整个冲击响应期间,lnR 对当前 lnGDP 的一个单位影响的响应曲线大致为"N"形,lnR 的所有冲击响应期为正,各期冲击反应值大致保持在 0~0.3 范围内,矿产资源开发指数在前 4 个冲击期效应明显,到第 4~7 个冲击期内上升幅度有所下降并产生波动,在第 8 个冲击期后逐步下降。观察图 3-13 可以发现 lnGDP 对 lnR 的冲击反应曲线大致为倒"U"形,lnGDP 的所有冲击响应期也为正,各期冲击反应值大致保持在 0~0.2 的范围内,经济发展在第 5 个冲击期对矿产资源开发的影响最显著,从第 6 个冲击期开始逐步下降。这

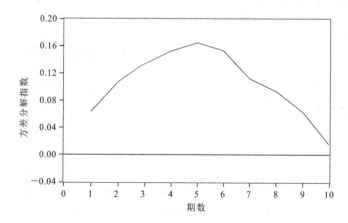

图 3-12 矿产资源开发指数对经济发展指数的脉冲效应

表明矿产资源开发与经济发展之间相互产生正效应,同时也说明矿产资源开发与经济发展在初期有较好的相互作用,彼此之间相互促进发展,但随着时间的推移这种相互作用逐步降低。

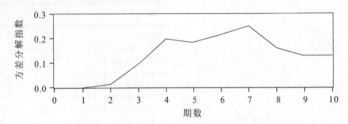

图 3-13 经济发展指数对矿产资源开发指数的脉冲效应

(6)与脉冲响应函数方法不同,方差分解是系统预测均方误差(mean square error,MSE)对系统中每个变量影响的贡献。矿产资源开发和经济发展的方差分解结果如图 3-14 和图 3-15 所示。结合方差分解的结果可以发现,从经济发展角度来看,在 10 个冲击期内,矿产资源开发平均解释了经济发展 5.98% 的预测方差,前 4 期提升明显,随后趋于平稳,而经济发展平均解释了自身 94.01% 的预测方差;从矿产资源开发角度来看,矿产资源开发平均解释了自身 20.95% 的预测方差,经济发展解释了矿产资源开发 79.05% 的预测方差。可以发现,长江经济带经济发展对于矿产资源开发的推动作用相对有效,而矿产资源开发对于经济发展的推动作用相对较小。这表明,近年来,矿产资源开发和经济发展的协调关系,逐步由资源导向型发展模式向经济高质

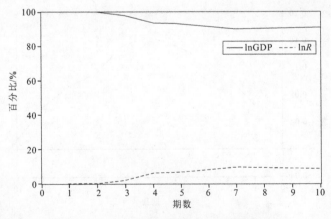

图 3-14 经济发展指数的方差分解

量发展模式迈进。因此,现阶段矿业需要通过创新驱动,加快矿业发展方式由传统的粗放型向现代的集约型转变,才能真正实现矿业发展新、旧动能的转换。同时,经济增长率与生产效率的持续提高有助于培育更富弹性和活力的供给结构,也是应对消费结构迅速升级的必要形式,以期最终提高矿产资源开发效率。

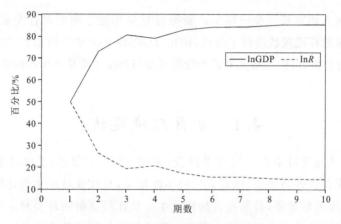

图 3-15 矿产资源开发指数的方差分解

第4章 长江经济带矿产资源开发与环境保护的协调关系

为了深入研究长江经济带矿产资源开发与环境之间的耦合关系,本书对长江经济带的环境现状进行了分析,应用 TOPSIS 法对矿产资源开发的环境影响进行定量分析,以揭示该区域矿产资源开发与环境系统相互作用的规律。

4.1 矿区环境现状

据《长江经济带生态环境建设报告(2016—2017)》显示,长江流域以环境为生产要素促进经济增长,随着人口的不断增加,长江流域的生态环境恶化严重,人与环境关系紧张,自然灾害频繁发生。长江经济带的环境对区域发展乃至矿产资源开发具有重要的战略意义。明确长江经济带的总体环境及矿区环境现状是研究长江经济带矿产资源开发与环境之间耦合关系的前提。

4.1.1 长江经济带总体环境现状

(1)污染排放总量持续下降。图 4-1 反映了长江经济带单位工业产值工业废水排放量。2010—2015 年,长江经济带单位工业产值工业废水排放量降低,即工业废水排放效率提高。虽然长江下游工业废水排放量较大,但从单位工业产值工业废水排放量来看,长江下游排放效率最高,长江中游排放效率最低。2015 年,重庆市单位工业产值工业废水排放量最小,为 6.39 万 t/亿元;云南省单位工业产值工业废水排放量最大,为 11.94 万 t/亿元。

图 4-2 反映了长江经济带各省市单位工业产值 COD 排放量。2011—2015 年,长江流域整体单位工业产值 COD 排放生产总量上升,即排放效率提高。虽然长江中上游与下游江苏、浙江两省的 COD 排放量较大,但从单位工业产值 COD 排放生产总值量来看,长江中上游排放效率较低,下游排放效率较高。2015 年,长江经济带平均单位工业产值 COD 排放生产总量为 376.24 万 t/亿元。其中,江西省单位工业产值 COD 排放生产总量最小,为 191.99 万 t/亿元;上海市单位工业产值 COD 生产总量最大,为 1 263.68 万 t/亿元。

第4章 长江经济带矿产资源开发与环境保护的协调关系

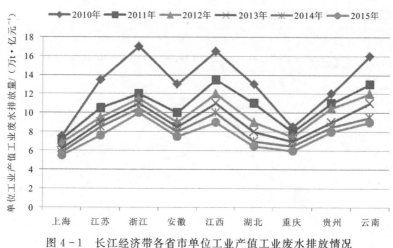

图 4-1 长江经济带各省市单位工业产值工业废水排放情况

资料来源:《长江经济带发展报告(2016—2017)》,四川省与湖南省数据缺失。

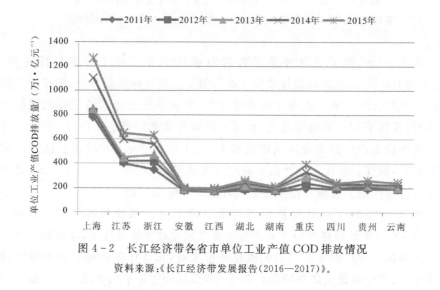

图 4-2 长江经济带各省市单位工业产值 COD 排放情况

资料来源:《长江经济带发展报告(2016—2017)》。

图 4-3 反映了长江经济带各省市单位工业产值工业氨氮排放量。2010—2015 年,长江经济带单位工业产值工业氨氮排放量降低,即排放效率提高。虽然长江下游工业氨氮排放量较大,但从单位工业产值工业氨氮排放量来看,长江下游排放效率最高,长江上游次之,长江中游排放效率最低。2015 年,长江经济带平均单位工业产值工业氨氮排放量为 0.67t/亿元。相较于长江经济

带其他省市,上海市单位工业产值工业氨氮排放量最小,为0.21t/亿元;湖北省单位工业产值工业氨氮排放量最大,为1.01t/亿元。

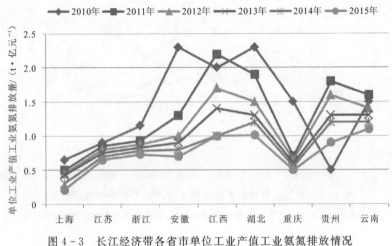

图4-3 长江经济带各省市单位工业产值工业氨氮排放情况
资料来源:《长江经济带发展报告(2016—2017)》,四川省与湖南省数据缺失。

图4-4反映了长江经济带各省市单位工业产值工业废气排放量。2010—2015年,长江流域整体单位工业产值工业废气排放量降低,即排放效率提高。虽然长江下游工业废气排放量较大,但从单位工业产值工业废气排放量来看,长江下游排放效率较高,长江上游排放效率较低。2015年,长江经济带平均单位工业产值工业废气排放量为2.29标 m^3/元。相较于长江经济带其他省市,浙江省单位工业产值工业废气排放量最小,为1.56标 m^3/元,贵州省单位工业产值工业废气排放量最大,为5.52标 m^3/元。

图4-5反映了长江经济带各省市单位工业二氧化硫排放量。2010—2015年,长江流域整体单位工业产值工业二氧化硫排放量降低,即排放效率提高。从单位工业产值工业二氧化硫排放量来看,长江中下游排放效率处于较高水平,长江上游排放效率较低。2015年,长江经济带平均单位工业产值工业二氧化硫排放量为47.18t/亿元。其中,上海市单位工业产值工业二氧化硫排放量最小,为14.64t/亿元;贵州省单位工业产值工业二氧化硫排放量最大,为180.63t/亿元。

图4-6反映了长江经济带各省市工业固体废弃物利用率。2015年,在工业固体废弃物综合利用率方面,长江经济带下游4省市在2010—2015年均处于90%的水平。长江经济带上游4省市中,除经济发展状况最好的为重庆市,

第4章 长江经济带矿产资源开发与环境保护的协调关系

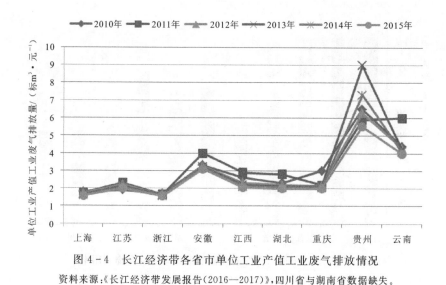

图 4-4 长江经济带各省市单位工业产值工业废气排放情况

资料来源:《长江经济带发展报告(2016—2017)》,四川省与湖南省数据缺失。

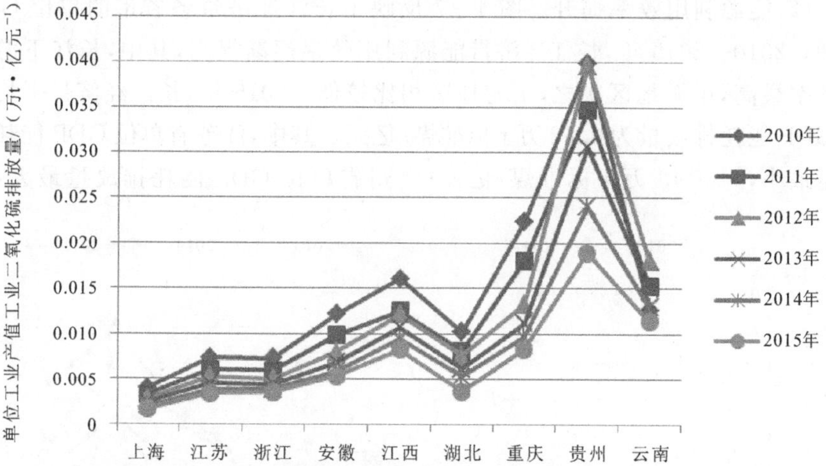

图 4-5 长江经济带各省市单位工业产值工业二氧化硫排放情况

资料来源:《长江经济带发展报告(2016—2017)》,四川省与湖南省数据缺失。

其余 3 省工业固体废弃物综合利用率均低于 60%。长江经济带中游 3 省工业固体废弃物综合利用率较为均衡,基本处于 40%~60% 的区间。

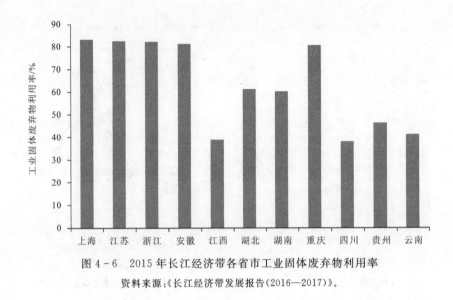

图4-6 2015年长江经济带各省市工业固体废弃物利用率

资料来源:《长江经济带发展报告(2016—2017)》。

(2)能源利用效率提升。图4-7反映了长江经济带各省市的单位GDP能耗。2010—2015年,长江经济带能源利用效率逐渐提高,其中,长江下游地区效率最高,中游地区次之,上游地区相比较低。2015年,长江经济带平均单位GDP能耗排放量为0.52万t标准煤/亿元。其中,江苏省单位GDP能耗排放量最小,为0.43万t标准煤/亿元;贵州省单位GDP能耗排放量最大,为

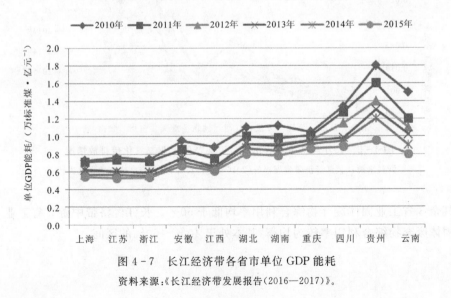

图4-7 长江经济带各省市单位GDP能耗

资料来源:《长江经济带发展报告(2016—2017)》。

0.95万t标准煤/亿元。相比2010年,2015年长江经济带各省市的能源利用效率提升了34.39%。

综上所述,长江经济带依然以发展工业为主动力,"环境禀赋"为工业化发展,乃至矿产资源开发提供条件。2010—2015年长江经济带的环境质量总体良好,污染排放量持续下降,资源利用效率稳步提升,为矿产资源开发创造了较好的条件。

4.1.2 长江经济带矿区环境现状分布

长江经济带各省市矿区环境现状见附表1。分矿种来看,由煤炭、建材等矿产资源开采引起的生态环境影响主要是破坏、占用土地资源,导致水土流失加剧、地表坍塌;金属矿产资源开发的生态环境影响主要是土壤、地下水资源重金属污染;磷矿等非金属矿产的主要生态环境影响是洗选、尾矿堆放,导致部分河段总磷超标。

从风险的整体性、系统性、累积性进行识别,长江经济带有色金属采选持续排放造成的土壤重金属污染具有累积性,磷矿采选是导致部分支流总磷超标的原因之一,但对于整个流域,总磷超标的贡献率较低,不具有整体性、流域性的风险。

4.2 矿产资源开发的环境影响识别

环境影响是指人类活动造成的环境变化及其对人类社会的影响。笔者在了解和分析矿产资源开发总体规划和环境现状的基础上,分析矿产资源开发的直接行为和间接行为,确定受开发行为影响的环境要素。环境影响识别应明确矿产资源开发总体规划中的施工过程、生产运行、服务期满等不同阶段的行为,以及影响关系、影响性质、影响范围、影响程度等。定性分析矿产资源开发对各种环境因素可能产生的影响,包括有利影响和不利影响、长期影响和短期影响、可逆影响和不可逆影响、直接影响和间接影响、累积影响和非累积影响等。矿产资源开发总体规划是以某一行政区内的矿产资源勘查、开发利用全部活动为对象编制的总体规划,不同阶段的开发行为见表4-1。

表4-1 矿产资源开发主要环境影响识别因素

时段	行为	影响因素	环境要素
建设期	基建施工	占地、水土流失、植被破坏、噪声、扬尘、废水	生态、水环境、声环境、环境空气、固体废弃物
	施工场地、井巷等	废石、土方、水土流失	生态、固体废弃物、环境空气
	废土、废石场	占地、水土流失、扬尘	环境空气、生态、固体废弃物
	施工机械	废水、废气	水环境、环境空气
生产期	采矿工作面爆破等	噪声、振动、扬尘、废水、废气	水环境、声环境、环境空气、生态
	矿石运输、转运	噪声、扬尘、尾气	声环境、环境空气
	选矿	粉尘、废水、噪声、尾矿	声环境、水环境、环境空气、生态、固体废弃物
	矿山办公、生活区	生活污水、生活垃圾、废渣	水环境、声环境、环境空气、生态、固体废弃物
	废石场	扬尘、稳定性、水土流失、淋溶液	环境空气、生态、水环境、环境风险、固体废弃物
闭矿期	场地清理、废石场	扬尘、废水等	水环境、环境空气
	矿井	地表塌陷、滑坡	生态、环境风险
	废石场	防洪、排洪、稳定性、水土流失	生态、地表水环境、地下水环境、环境风险、固体废弃物

在资料收集的基础上,寻找制约环境的关键因素,并将它作为环境影响评价的重点内容,以减少环境影响预测的盲目性,增强影响分析的可靠性和污染防治对策的针对性。主要的环境影响因子包括生态因子、环境因子。生态因子应考虑自然保护区等生态环境敏感区的结构、功能、稳定性、生物多样性等;环境因子应包括水环境、大气环境、土壤环境等。由于长江经济带横跨我国东部、中部、西部三大区域,各省市的"环境禀赋"、矿产"资源禀赋"均有所不同,本书在参考相关研究成果与长江经济带各省市环境影响评价报告的基础上,从空间占用、污染排放、土壤环境、地质环境4个方面进行综合影响分析。

4.3 矿产资源开发与环境协调发展的分布特征

早期的国内外研究表明,许多矿山企业在进行矿产资源开发的时候往往会认为矿产资源开发与环境之间存在无法共存的关系,在矿产资源开发的同时必然对环境造成破坏,如果过于强调环境保护会导致社会经济水平和发展速度受限。本书采用指数法、TOPSIS 法等对 2016 年长江经济带矿产资源开发的环境影响进行了定量研究,同时根据长江经济带的环境现状探讨了矿产资源开发与环境的相互作用程度,以及矿产资源开发与环境耦合协调发展关系。

4.3.1 空间占用影响

矿产资源本身具有很强的自然属性,许多自然保护区范围恰好是最具有找矿潜力的大型成矿带。长江经济带矿产资源开发过程中受"资源禀赋"、成矿条件、管理水平等因素影响,部分采矿权设置不合理,部分矿区与自然保护区存在明显的重叠现象,矿业开发活动挤占生态空间,自然保护区内矿产资源的盲目开发、过度开发和无序开发,对自然保护区的威胁和影响不断增强,有的自然保护区甚至遭到破坏。本书根据矿产资源开发与自然保护区重叠情况来考察长江经济带矿产资源开发对空间占用的环境影响。具体的矿区与禁止开发区重叠关系见附表2。

表 4-2 列出了采矿权重叠面积占自然保护区面积比例的情况。长江经济带自然保护区面积为 24.81 万 km^2,共涉及与自然保护区重叠的采矿权面积为 0.59 万 km^2,采矿权重叠总面积占自然保护区总面积的 2.41%。其中,贵州省的采矿权重叠面积最大,为 962.64km^2;江西省采矿权重叠面积占比最大,采矿权重叠面积为 678.78km^2,占比 5.39%;上海市采矿权重叠面积占比最小,采矿权重叠面积为 0.00km^2,占比 0.00%。

表 4-2 2016 年长江经济带各省市自然保护区面积与采矿权重叠面积及其占比

地区	自然保护区面积/km²	采矿权重叠面积/km²	占比/%
上海	963	0.00	0.00
江苏	25 633	185.06	0.72
浙江	14 433	253.6	1.76
安徽	17 900	515.05	2.88
江西	12 598	678.78	5.39
湖北	12 303	487.62	3.96
湖南	12 852	681.76	5.30
重庆	17 498	402.05	2.30
四川	82 900	863.93	1.04
贵州	22 460	962.64	4.29
云南	28 600	953.85	3.34
总计	248 140	5 984.34	2.41

表 4-3 列出了采矿权重叠面积占矿区总面积比例的情况。长江经济带矿区总面积为 2.11 万 km²，矿区重叠面积占比 28.36%。其中，云南省采矿权重叠面积占比最大，为 37.63%；上海市最小，为 0.00%。分析表 4-2 和表 4-3 可以发现，从采矿权的设置来看，长江经济带接近 1/3 的采矿权重叠面积仍在自然保护区内。大规模、高强度的矿产资源开发活动对自然生态环境的影响显著，对长江流域的生态环境保护仍造成极大压力。

表 4-3 2016 年长江经济带各省市矿区总面积与采矿权重叠面积及其占比

地区	矿区总面积/km²	采矿权重叠面积/km²	占比/%
上海	12	0.00	0.00
江苏	679	185.06	27.25
浙江	897	253.60	28.27
安徽	2601	515.05	19.80
江西	3036	678.78	22.36
湖北	1511	487.62	32.27
湖南	2081	681.76	32.76
重庆	1573	402.05	25.56

第4章 长江经济带矿产资源开发与环境保护的协调关系

续表 4-3

地区	矿区总面积/km²	采矿权重叠面积/km²	占比/%
四川	3310	863.93	26.10
贵州	2866	962.64	33.59
云南	2535	953.85	37.63
总计	21 101	5 984.34	28.36

将长江经济带各省市的采矿权重叠面积占比作为对矿区面积和自然保护区面积的贡献率分值,并根据式(4-1)计算得到综合评分。

$$S_j = \sum_{i=1}^{n} W_i \times I_{ij} \tag{4-1}$$

式中:S_j——第 j 项因子综合评分值;

W_i——指标 i 的权重;

I_{ij}——第 j 项因子中指标 i 的等级分值。

从长江经济带协调发展的角度考虑,矿产资源开发可为经济建设提供一定基础,应与环境保护并重,赋予权重值0.5,计算结果见表4-4。

表4-4 2016年长江经济带矿产资源开发空间占用评分

地区	自然保护区贡献率/% （权重值0.5）	矿区贡献率/% （权重值0.5）	综合评分 （权重值1.0）
上海	0.00	0.00	0.000
江苏	0.72	27.25	0.140
浙江	1.76	28.27	0.150
安徽	2.88	19.80	0.113
江西	5.39	22.36	0.139
湖北	3.96	32.27	0.181
湖南	5.30	32.76	0.190
重庆	2.30	25.56	0.139
四川	1.04	26.10	0.136
贵州	4.29	33.59	0.189
云南	3.34	37.63	0.205

将计算结果以每个因子的统计数据作为样本,并做出样本分布图,其中横轴为因子的实际数值,纵轴为评价因子的样本数。利用样本分布图对该曲线进行分段,根据实际情况将分布曲线划为3段,每一段的范围根据评价因子样本的分布特征和实际情况来确定。

根据空间占用影响定量评价等级评分标准(表4-5)和长江经济带矿区与自然保护区影响程度的综合评分,结合空间影响程度定量评价等级评分标准,各省市受采矿权重叠面积影响的程度见表4-6。从表4-5和表4-6可以发现,长江经济带整体的空间占用影响程度良好,中度影响的地区为浙江、湖北、湖南、贵州,重度影响的地区为云南,其余地区均受轻度影响。

表4-5 空间占用影响定量评价等级评分标准

等级	影响程度	等级分值①
1级	轻度影响	<0.15
2级	中度影响	0.15~0.20
3级	重度影响	>0.20

表4-6 2016年长江经济带各省市空间占用影响

影响程度	分值范围	地区
轻度影响	<0.15	上海、江苏、安徽、江西、重庆、四川
中度影响	0.15~0.20	浙江、湖北、湖南、贵州
重度影响	>0.20	云南

综上所述,采矿活动在自然保护区内的布局影响了区域生态安全保障能力,亟须加快完善自然保护区内的采矿权退出机制,避免加重对自然生态的影响。

4.3.2 污染排放影响

污染排放是全球十分关注的热点问题之一。在研究环境影响的研究中,较多地采用3类变量来度量污染排放的影响:废水排放、固体废弃物排放、大

---

① 统计上一般按"上限不在内"的原则进行处理;下同。

气污染排放。

(1)矿产资源开发的污染来源分析。在长江经济带矿产资源开发的过程中,一方面,矿山废水可能会对区域水环境造成直接影响,不可避免地对矿床进行疏干排水,尤以地下开采矿山为甚,矿山长期的抽排水会降低地下水水位,严重的还会形成降落漏斗区,破坏地下水系统,导致地面沉降和地面塌陷;另一方面,大量地下水资源因地层破坏而加速水循环作用,导致水体中重金属离子和氟离子的浓度上升,可能对矿区周边环境形成新的污染。同时,长江经济带的磷矿资源丰富,磷矿开采的废渣经雨水的淋溶作用形成含有多种有害元素的废水污染地表水,或通过下渗污染地下水。由于长江经济带地表水、地下水交换间歇短,若磷矿进入地表水体,可造成水体总磷浓度上升。同时,考虑运输成本、企业管理等因素,磷化工等下游延伸产业一般围绕磷矿富集区布局,导致矿区、矿业园区附近水体磷矿污染的程度更深,复杂性更强。因此,在矿产资源开发的过程中,在成分上,矿资源开发实施所排放的废水应当符合相应的排放标准;在总量上,矿产资源开发所产生的水污染物的排放总量需要与水环境容量匹配。

如图 4-8 所示,在矿产资源采选过程中,采矿工程和选矿工程产生的粉尘、燃煤锅炉产生的废气、排土场及尾矿库产生的扬尘和运输扬尘是主要的污染来源。其中,采矿过程中凿岩、铲运、放矿、出矿、卸矿、矿石运输等过程均会

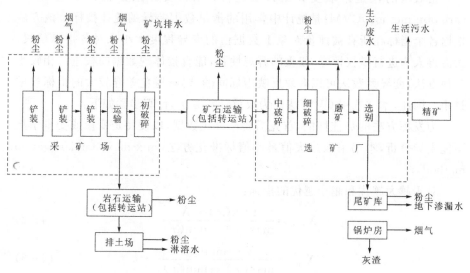

图 4-8 矿产资源采选大气污染物来源

(资料来源:环境保护部环境工程评估中心,2011)

产生粉尘和扬尘;选矿工程产生的大气污染主要是矿石在破碎、筛分、转运等生产过程中会产生粉尘。各产尘点产生的粉尘量不同,一般含尘浓度在2000～6000mg/m^{3}之间;矿区通常需要设置燃煤锅炉供热,煤炭燃烧产生的废气中含有大量的SO_2、NO_x、烟尘;根据相关资料类比调查可知,当风速大于6.2m/s时,尾矿及粉尘在风力的作用下开始起尘;大量矿石和产品运输会使当地的交通量有所增加,运输过程中产生的道路扬尘会对公路沿线的环境空气质量产生一定影响。产生的大气污染物包括粉尘、NO_x、SO_2、CO、扬尘等,其中粉尘、NO_x和SO_2为主要污染物。矿山固体废弃物主要有煤矸石、露天矿剥离物、尾矿。若尾矿坝无防渗措施或溃坝将对水体造成很大影响。

(2)数据来源与处理。本书从废水污染、大气污染、固体废弃物污染3个方面计算长江经济带各省市的污染排放量。考虑到矿产资源的直接污染数据难以从工业污染数据中剥离,采用矿业产值乘以单位工业产值排放量的方式进行估算,同时以二氧化硫排放量作为大气污染的指标。由于本书仅针对矿业资源开发行业,因此,矿业产值为《中国统计年鉴(2016)》中煤炭开采和洗选业、石油和天然气开采业、黑色金属矿采选业、有色金属矿采选业和非金属矿采选业五大行业的总产值。单位工业产值排放量和矿业产值数据来源为《中国统计年鉴(2016)》《中国环境年鉴(2016)》,对于其中仍无法直接获取的数据,采取加权平均法对缺失指标赋值补缺,所有数据均为逆向指标。

指数法的权重采取变异系数法进行计算。变异系数法(coefficient of variation method,CVM)是统计中常用的衡量数据差异的统计指标。该方法根据各个指标在所有被评价对象上数据值的变异程度大小来对各指标赋权,无需再人为进行赋权评定,权重的客观性强,能直接体现数据的权重。相较于其他方法,变异系数法可以有效反映指标间的差异,避免差异较大的指标权重过小。因此,本书选用CVM法作为权重计算方法,计算步骤如下:

为发挥方法的最佳性能,首先需要标准化数据,以便特定变量或变量子集不能主导分析,本书采取最大值最小值标准化方法(mix-max standardization method)。

对于越大越优和越小越优的指标:

$$X^*_{max} = \frac{\max(x) - X}{\max(x) - \min(x)} \quad (4-2)$$

$$X^*_{min} = \frac{X - \min(x)}{\max(x) - \min(x)} \quad (4-3)$$

式中:X^*_{max}——生态环境影响评价指标的样本最大值;

X^*_{min}——生态环境影响评价指标的样本最小值;

第4章 长江经济带矿产资源开发与环境保护的协调关系

X—— 指标的初始数值。

计算各指标的标准差 σ_j，反映各指标的绝对变异程度：

$$\sigma_j = \sqrt{\frac{n\sum x^2 - (\sum x)^2}{n^2}} \quad (4-4)$$

式中：σ_j—— 标准差；

x—— 样本平均值；

n—— 样本个数。

计算各指标的变异系数，反映各个指标的相对变异程度：

$$V_i = \frac{\sigma_i}{\bar{x}_i} \quad \text{其中 } i = 1, 2, 3, \cdots, n \quad (4-5)$$

式中：V_i—— 第 i 项指标的变异系数；

σ_i—— 第 i 项指标的标准差；

$\bar{x}_i$—— 第 i 项指标的平均数。

对各个指标的变异系数进行归一化处理，得到各个指标的权数，即：

$$W_i = \frac{V_i}{\sum_{i=1}^{n} V_i} \quad (4-6)$$

式中：W_i—— 第 i 项指标的权重；

n—— 指标的个数。

计算得出废水排放量、固体废弃物排放量、二氧化硫排放量分别为 0.24、0.34、0.42。最后通过式（4-1）计算综合评分值，并采用标准化后的数据作为 I 的值。

(3) 结果分析。表 4-7 列出了长江经济带各省市矿产资源开发的污染排放评分值。从单个污染排放评分来看，3 种污染排放得分最高的均为上海市，评分值分别为 0.24、0.34、0.42，评分值最低的均为贵州省。3 种污染排放评分值中，SO_2 评分值相对其他两种的较高，整个长江经济带的均值为 0.32；废水评分值相对最低，整个长江经济带的均值为 0.13，表明长江经济带矿产资源开发废水造成的影响相对较大。从评分值来看，整个长江经济带由西向东逐渐提高，上游地区的污染排放相对较重，特别是贵州省和四川省，两省的综合评分值分别为 0.00、0.39，均未超过 0.5；低于长江经济带评分值均值的省份包括安徽省、江西省、四川省、贵州省、云南省，需要更加重视污染排放问题。

表 4-7 2016 年长江经济带各省市矿产资源开发污染排放评分

地区	废水评分	废弃物评分	SO_2 评分	综合评分
上海	0.24	0.34	0.42	1.00
江苏	0.17	0.32	0.40	0.89
浙江	0.22	0.34	0.41	0.97
安徽	0.11	0.18	0.34	0.62
江西	0.12	0.20	0.32	0.65
湖北	0.13	0.27	0.36	0.76
湖南	0.10	0.26	0.34	0.70
重庆	0.19	0.32	0.37	0.87
四川	0.05	0.10	0.24	0.39
贵州	0.00	0.00	0.00	0.00
云南	0.14	0.13	0.31	0.59
均值	0.13	0.22	0.32	0.68

表 4-8 列出了 2016 年长江经济带各省市地表水水质情况,地表水达标率整体较稳定,上游、中游水质明显优于下游水质。Ⅰ类～Ⅲ类水质占比达 78%,Ⅳ类占比 15%,水质整体较优良。这表明,从废水排放情况来看,长江经济带矿产资源开发的废水污染受到流域性特点的影响明显,由上游地区向下游地区传导,因此,长江经济带的矿产资源开发的污染排放需要着重考虑流域性污染治理。

表 4-8 2016 年长江经济带各省市地表水水质情况

地区	流域	Ⅰ类	Ⅱ类	Ⅲ类	Ⅳ类	Ⅴ类	劣Ⅴ类
贵州	长江流域		100%				
	珠江流域		75%	25%			

第4章 长江经济带矿产资源开发与环境保护的协调关系

续表 4-8

地区	流域	I类	II类	III类	IV类	V类	劣V类
云南	长江流域		81.70%				
	珠江流域		72.80%				
	红河		82%				
	澜沧江		88.50%				
	怒江		93.10%				
	伊洛瓦底江		100%				
四川	长江流域		100%				
	金沙江		100%				
	嘉陵江		93%				
	岷江		53.60%				
	沱江		18.40%				
重庆	长江流域		100%				
	嘉陵江		100%				
	乌江		81.50%				
湖南	湘江		100%				
	资江		100%				
	沅江		100%				
	澧水		100%				
湖北	长江流域		90%				
	汉江		86%				
江西	赣江		91%				
	长江流域			92%			
安徽	长江流域		69.40%	17.20%	3.20%		10.20%
	淮河流域			37.30%	38.30%	16.20%	8.20%
	新安江流域		95%				

续表 4-8

地区	流域	I类	II类	III类	IV类	V类	劣V类
浙江	钱塘江		87.20%				
	曹娥江		100%				
	甬江		64.30%				
	椒江		81.80%				
	瓯江		100%				
	飞云江		100%				
	鳌江		25%				
	苕溪		100%				
	京杭运河			14.30%	57.10%	28.60%	
	太湖流域			45.50%	43.20%	11.30%	
江苏	长江流域		85%				
	淮河流域		72.40%				
	太湖流域		48.20%		49.40%		2.40%
上海	长江流域			43.20%			
	太湖流域			24.70%	23.10%	10%	42.20%

资料来源:《长江经济带发展报告(2016—2017)》。

4.3.3 土壤环境影响

采矿活动导致周边地区和河流沿岸的重金属积累。在地理空间领域,重金属采矿和冶金呈典型的流域型分布。这些典型地区有各种类型的土壤重金属污染,主要是镉、砷、铅、铜、铬、汞等。总体来说,镉、铜及综合污染是长江经济带中重金属污染的主要类型。随着中国经济和社会的快速发展,从城市地区、郊区到农村,从偏远的矿区到周边地区和河流流域,土壤污染的类型越来越多,面积在不断扩大,程度越来越高,而且伤害正在加剧。因此,应对矿区周边的土壤环境状况引起足够重视(黎诗宏等,2016)。

《长江经济带生态环境保护规划》明确了浙江长兴、鹿城、台州玉环县,湖北黄石及湖南株洲清水塘、衡阳水口山、郴州三十六湾与周边地区、娄底锡矿山等69个重金属污染防控重点区域整治工程。湖北省黄石市矿山环境影响严重区就有8个,且多为侵占土地、重金属污染的区域,如大冶铁矿矿区、大冶市金山店铁矿矿区、铜绿山铜铁矿矿区、灵乡铁矿矿区、铜山口-大广山铜铁矿矿区等;湖南郴州市明确了8个矿山地质环境重点治理区,其中湖南郴州三十六湾多金属矿区、桂阳县宝山-黄沙坪有色矿区、苏仙区柿竹园、玛瑙山多金属矿区、宜章县瑶岗仙钨矿区、宜章县骑田岭有色矿区等环境重点治理区域涉及土壤与重金属污染。

本书通过对长江经济带各省市的矿区土壤重金属排放量的数据分析考察矿产资源开发对土壤环境的影响。

(1)数据来源与处理。由于各省市的土壤背景值差异较大,同时重金属污染的种类繁多,无法有效衡量,因此,本书采取排污系数法计算长江经济带各省市重金属的污染总量来反映矿产资源开发对土壤环境的影响。本书的矿石产量选取《中国矿业年鉴(2016)》的数据,对于其中无法直接获取的数据,采取加权平均法对缺失指标赋值补缺。与污染排放数据相同,重金属污染总量也为逆向指标。排污系数参考《第一次全国污染源普查工业污染源产排污系数手册》,因手册中仅将汞、镉、铅、砷作为主要污染排放物,因此仅对这4种污染进行分析。

污染物排放系数,是指终端处理设施减少后生产单位产品(使用单位原材料)产生的污染物残留量,或生产直接排放到环境中的污染物量。其表达式为:

$$P_i = \sum_{i=1}^{n} Q_i \cdot \rho \qquad (4-7)$$

式中:P_i——第 i 种重金属的污染排放量;

Q_i——第 i 种矿石产量;

ρ——排污系数;

n——地区数量。

最后,通过式(4-1)计算综合评分值,其中采用式(4-7)标准化后的数据作为式(4-1)中 I_{ij} 的值。

(2)结果分析。表4-9列出了根据排污系数计算得出的长江经济带各省市土壤重金属污染量。从表4-9可以发现,砷的污染量相较于其他3种重金属污染十分突出。图4-9比较了长江经济带各省市不同土壤重金属污染情况,除上海市重金属污染排放量为0外,分区域来看,有色金属采选所造成的汞污染主要集中在云南、贵州和江西,排放量分别为327mg、301.5mg、106mg;镉金属污染主要集中在江西、湖南、云南和贵州,排放量分别达11.99kg、4.91kg、2.84kg和1.68kg;铅金属污染主要集中在贵州、云南、江西和湖南,排放量分别达 19.71kg、16.37kg、6.89kg 和 2.68kg；砷金属污染主要集中在云南、江西、安徽和湖北等地，排放量分别达 110.73kg、42.68kg、33.38kg 和 20.00kg。

表 4-9 2016 年长江经济带各省市土壤重金属污染在不同矿种中的排放量一览表

地区	污染物	金属矿种							合计
		铜	锡	锑	铝	钼	钨	镍	
安徽	汞/g	0.063	0.000	0.000	0.000	0.000	0.000	0.000	0.063
	镉/kg	0.188	0.000	0.000	0.000	0.000	0.000	0.000	0.188
	铅/kg	0.564	0.000	0.000	0.000	0.000	0.000	0.000	0.564
	砷/kg	33.382	0.000	0.000	0.000	0.000	0.000	0.000	33.382
贵州	汞/g	0.001	0.000	0.000	0.300	0.000	0.000	0.000	0.302
	镉/kg	0.003	0.000	0.008	1.669	0.000	0.000	0.000	1.679
	铅/kg	0.008	0.000	0.000	19.691	0.000	0.000	0.000	19.707
	砷/kg	0.473	0.000	0.296	15.352	0.000	0.000	0.000	16.121
湖北	汞/g	0.038	0.000	0.000	0.000	0.000	0.000	0.000	0.038
	镉/kg	0.113	0.000	0.000	0.000	0.000	0.000	0.000	0.113
	铅/kg	0.338	0.000	0.000	0.000	0.000	0.000	0.000	0.338
	砷/kg	20.000	0.000	0.000	0.000	0.000	0.000	0.000	20.000
湖南	汞/g	0.004	0.004	0.004	0.000	0.000	0.018	0.000	0.029
	镉/kg	0.013	0.090	0.139	0.000	0.000	4.663	0.000	4.905
	铅/kg	0.038	0.231	0.139	0.000	0.000	2.277	0.000	2.684
	砷/kg	2.246	3.026	5.200	0.000	0.000	2.112	0.000	12.584
江苏	汞/g	0.003	0.000	0.000	0.000	0.000	0.000	0.000	0.003
	镉/kg	0.008	0.000	0.000	0.000	0.000	0.000	0.000	0.008
	铅/kg	0.024	0.000	0.000	0.000	0.000	0.000	0.000	0.024
	砷/kg	1.407	0.000	0.000	0.000	0.000	0.000	0.000	1.407

续表 4-9

地区	污染物	金属矿种							
		铜	锡	锑	铝	钼	钨	镍	合计
江西	汞/g	0.050	0.012	0.000	0.000	0.000	0.043	0.000	0.106
	镉/kg	0.152	0.313	0.000	0.000	0.000	11.524	0.000	11.989
	铅/kg	0.455	0.803	0.000	0.000	0.000	5.627	0.000	6.885
	砷/kg	26.944	10.519	0.000	0.000	0.000	5.220	0.000	42.683
四川	汞/g	0.026	0.000	0.000	0.000	0.000	0.000	0.001	0.027
	镉/kg	0.079	0.000	0.000	0.000	0.000	0.000	0.001	0.081
	铅/kg	0.238	0.000	0.000	0.000	0.000	0.000	0.002	0.240
	砷/kg	14.066	0.000	0.004	0.000	0.000	0.000	0.019	14.089
云南	汞/g	0.091	0.060	0.001	0.176	0.000	0.000	0.000	0.327
	镉/kg	0.272	1.566	0.022	0.976	0.000	0.000	0.000	2.837
	铅/kg	0.816	4.016	0.022	11.517	0.000	0.000	0.000	16.372
	砷/kg	48.308	52.614	0.831	8.980	0.000	0.000	0.000	110.733
浙江	汞/g	0.004	0.000	0.000	0.000	0.000	0.002	0.000	0.006
	镉/kg	0.011	0.001	0.001	0.000	0.001	0.445	0.000	0.458
	铅/kg	0.032	0.001	0.001	0.000	0.002	0.217	0.000	0.253
	砷/kg	1.911	0.016	0.038	0.000	0.001	0.202	0.000	2.167
重庆	汞/g	0.000	0.000	0.000	0.004	0.000	0.000	0.000	0.004
	镉/kg	0.000	0.000	0.000	0.022	0.000	0.000	0.000	0.022
	铅/kg	0.000	0.000	0.000	0.254	0.000	0.000	0.000	0.254
	砷/kg	0.000	0.000	0.000	0.198	0.000	0.000	0.000	0.198
上海	汞/g	0.000	0.000	0.000	0.000	0.000	0.000	0.000	0.000
	镉/kg	0.000	0.000	0.000	0.000	0.000	0.000	0.000	0.000
	铅/kg	0.000	0.000	0.000	0.000	0.000	0.000	0.000	0.000
	砷/kg	0.000	0.000	0.000	0.000	0.000	0.000	0.000	0.000

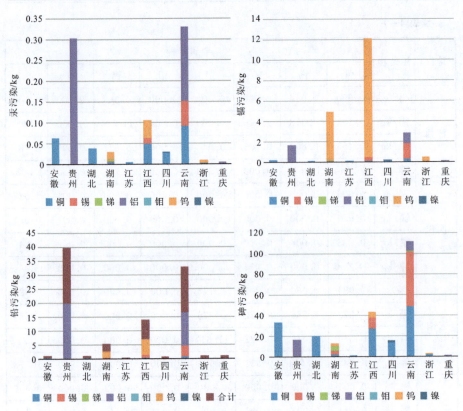

图4-9 2016年长江经济带各省市土壤重金属污染在不同矿种中的排放量对比

如图4-10所示,2016年长江经济带有色金属采选的重金属排放量总计323.87kg,其中,镉污染排放量22.27kg,占重金属污染排放量的6.97%;铅污染排放量47.32kg,占重金属污染排放量的14.61%;砷污染排放量253.36kg,占重金属污染排放量的78.22%;汞污染排放量约900mg,占比不足1%。

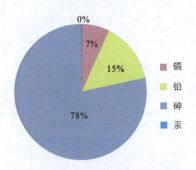

图4-10 2016年长江经济带土壤重金属污染排放量占比

以上数据显示,长江经济带有色金属开采区各类重金属的年排放绝对量并不高,但是矿区土壤中的重金属污染具有累积性。大型金属矿产资源开发区经常囊括采矿、选矿和冶炼活动,具有多源、连续、高强度堆积的特点。选矿和冶炼活动区是重金属污染的关键区域,导致原始水系沉积物和土壤的含量超标。选矿和冶炼活动形成的重金属污染比采矿活动高出数十倍,甚至数万倍。时间的不断积累和空间的叠加使得局部重金属的积累非常严重。由"镉米""重金属蔬菜"等土壤污染引起的农产品质量安全问题和群体性事件逐年增加。

不同重金属污染物在各类矿区土壤中的累积效应不同。汞是金矿区土壤超标面积最大的污染物。铅在不同矿区的影响面积排序为:多金属矿区＞锡矿区＞金矿区＞铅锌矿＞铜矿区。镉、铜则表现为铅锌矿区＞锡矿区＞金矿区＞多金属矿区＞铜矿区,镉污染在铅锌矿区最明显。土壤重金属综合污染程度排序为:铅锌矿区＞锡矿区＞金矿区＞多金属矿区。

据统计,汞、镉、铅、砷 4 种重金属的污染水平较为接近。

4.3.4 地质环境影响

我国矿山地质环境调查研究表明,随着矿产资源发展强度和规模越来越大,采矿活动已成为矿区最重要的外部压力。强度远远超过了自然地质过程和采矿区的结果,强烈地改变和破坏了矿区原有的地应力平衡。在重新调整的过程中,压力引发了不同类型和大小的地质灾害。矿山开采活动极大地改变了矿区的地质环境,造成了各种灾害,包括地面变形灾害(地面塌陷、沉降、裂缝、倒塌、山体滑坡等)、岩土体斜坡失稳(滑坡、崩塌、泥石流等)、矿井灾害(矿坑突水等)等。由于现有的数据与资料直接统计了长江经济带地质灾害情况,因此本书直接借用现有数据与资料进行分析。

表 4-10 列出了 2016 年长江经济带地质灾害类型及发生数量。《中国国土资源年鉴(2016)》显示,2016 年长江经济带共发生矿山地质灾害 7269 起,造成经济损失 16.47 亿元,伤亡 243 人。其中,江西省和湖南省是长江经济带地质灾害发生较多的两个省份,分别有 2470 起、2323 起,占整个长江经济带灾害总数量的 33.9%、31.9%;湖南省受地质灾害造成的直接经济损失较多,达 43 363.46 万元,占长江经济带直接经济损失总数的 26.33%;浙江省、湖北

省、贵州省、云南省的伤亡人数较多,分别为 50 人、41 人、42 人、44 人,分别占长江经济带伤亡人数的 20.58%、16.87%、17.28%、18.11%。

表 4-10 2016 年长江经济带各省市地质灾害情况

地区	灾害数量/起	直接经济损失/万元	伤亡人数/人
上海	1	0.00	0
江苏	43	2 095.55	0
浙江	385	7 742.60	50
安徽	616	13 679.30	2
江西	2470	8 598.28	18
湖北	340	7 169.86	41
湖南	2323	43 363.46	27
重庆	63	7 750.00	15
四川	349	26 230.97	4
贵州	163	15 979.70	42
云南	516	32 100.63	44
总计	7269	164 710.40	243

数据来源:《中国国土资源年鉴(2016)》。

表 4-11 显示了长江经济带的地质灾害类型数量。其中,地面塌陷 125 起,地裂缝 17 起,滑坡 5252 起,泥石流 385 起,崩塌 1476 起,地面沉降 14 起。长江经济带地质灾害类型以崩塌和滑坡为主,分别占地质灾害总数的 20.3%、72.3%;泥石流其次,占地质灾害总数的 5.3%。崩塌较重的地区有安徽、江西、湖南,分别为 272 起、656 起、228 起,分别占崩塌总数的 18.4%、44.4%、15.4%;滑坡较重的地区有江西、湖南,分别为 1766 起、1971 起,占滑坡总数的 33.6%、37.5%(图 4-11)。

表 4-11 2016 年长江经济带各地质灾害类型数量 单位:起

地区	崩塌	滑坡	泥石流	地面塌陷	地裂缝	地面沉降	合计
上海	0	0	0	0	0	1	1
江苏	6	35	0	2	0	0	43
浙江	73	268	44	0	0	0	385
安徽	272	312	19	13	0	0	616
江西	656	1766	24	24	0	0	2470
湖北	60	252	14	14	0	0	340
湖南	228	1971	59	50	6	9	2323
重庆	12	44	3	3	1	0	63
四川	75	153	121	0	0	0	349
贵州	31	123	2	4	3	0	163
云南	63	328	99	15	7	4	516
合计	1476	5252	385	125	17	14	7269

数据来源:《中国国土资源年鉴(2016)》。

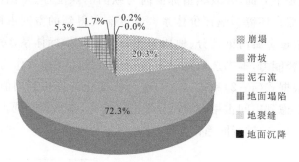

图 4-11 2016 年长江经济带各地质灾害类型占比
数据来源:《中国国土资源年鉴(2016)》。

长江经济带矿区现有资源环境管理体系突出了资源管理。由于资源管理部门最了解资源业务和部门业务,因此,在处理行业环境问题时具有更大的灵活性和适应性。除了行业的环保工作外,资源管理部门还可以很方便地协调行业内的业务管理和环境管理,有利于环境问题的控制。然而,该部门对地质环境的管理略显不足:在政策上,仅有《地质灾害防治条例》(国务院令第394号)、国土资源部 2014 年 4 月 10 日第 2 次部务会议通过并发布的《地质环境监测管理办法》,以及《尾矿库安全监督管理规定》(国家安全生产监督管理总局令第38号)。

4.3.5 综合环境影响及评价

由于矿产资源开发涉及的范围包括流域、土壤、森林等,对不同类型的生态系统均会产生一定影响,因此,矿产资源开发对区域环境的综合影响也是值得研究的课题之一。为了进一步做好区域性环境保护与治理工作,促进长江经济带矿产资源开发与生态环境保护协调发展,研究和评价矿产资源开发产生的综合环境影响刻不容缓。

(1)指标体系与数据处理。综合环境影响的评价是一项复杂的系统工程,需要大量的定性指标和定量指标加以描述、评价,因此,需要建立一套客观、科学的评价指标体系,使复杂的问题简单化以便分析和解释。本书按以下3个原则建立矿产资源开发生态环境影响评价体系:相关性、主成分性和可比性。

如图4-12所示,为了突出矿产资源开发对不同类型环境的影响,本书将长江经济带矿产资源开发的综合环境影响分为空间占用、污染排放、土壤重金属和地质环境4个方面,并兼顾指标横向与纵向的匹配性、可比性,进而建立矿产资源开发综合环境影响评价体系。通过前文得到的空间占用评分、污染排放评分、土壤重金属污染评分、地质灾害评分建立指标体系,考虑到数据的可获取性及解释能力,本书选取地质灾害造成直接经济损失作为地质灾害评分的指标,将根据式(4-2)和式(4-3)进行标准化计算得到的值作为地质环境影响评分;考虑到空间占用影响评分是逆向指标,本书将空间占用评分通过式(4-2)和式(4-3)进行同趋化处理。

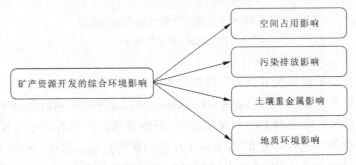

图4-12 长江经济带矿产资源开发综合环境影响的指标体系

本书选择加权 TOPSIS 法计算评价指标体系中的综合评价值。表 4-12 报告了所有数据的评分及权重。TOPSIS 法是系统工程多属性多目标决策的一种常用方法，基本思路是对评判对象的最优和最劣理想解进行排序。与指数评价法等其他方法相比，它在多系统评价和直接体现数据源间的差异性方面具有普适性、客观性强的优点（梁昌勇等，2012）。本书借鉴了 Estay-Ossandon 等（2018）的研究成果，将传统的 TOPSIS 法进行改进，通过对指标数据的加权，使评价值更符合实际情况。

表 4-12 2016 年长江经济带各省市矿产资源开发不同环境影响的评分

地区	空间占用评分	污染排放评分	土壤重金属污染评分	地质灾害评分
上海	1.00	1.00	1.00	1.00
江苏	0.32	0.89	0.99	0.95
浙江	0.27	0.97	0.99	0.82
安徽	0.45	0.62	0.9	0.68
江西	0.32	0.65	0.48	0.80
湖北	0.12	0.76	0.95	0.83
湖南	0.07	0.7	0.82	0.00
重庆	0.32	0.87	0.98	0.82
四川	0.34	0.39	0.97	0.40
贵州	0.08	0.00	0.45	0.63
云南	0.00	0.59	0.27	0.26
均值	0.51	0.18	0.09	0.22

考虑到所有数据是计算后的评分，而不是直观数据，通过变异系数法得到的权重客观性并不强，因此采取信息熵法确定权重。与其他权重方法相比，信息熵法也较为客观，同时便于计算。熵的概念源于热力学，是系统状态不确定性的度量。在信息理论中，信息是衡量系统有序程度的标准。根据该属性，通过使用评估中每个方案的固有信息，可以通过熵方法获得每个指标的信息。信息熵越小，信息的无序程度越低，信息的效用值越大，指数的权重越大。

首先，建立基于熵值法的评价初始矩阵 $Y=(y_{ij})_{m\times n}$ 计算每个方案的贡献度：

$$p_{ij} = \frac{y_{ij}}{\sum_{i=1}^{m} y_{ij}} \quad (4-8)$$

式中：p_{ij}—— 第 j 个属性下第 i 个方案的贡献度。

计算该系统中的第 j 个指标对应的熵值：

$$\begin{cases} H_j = -k \sum_{i=1}^{m}(p_{ij} \ln p_{ij}) \\ k = (\ln m)^{-1} \end{cases} \quad (4-9)$$

再计算指标 j 的信息权重 w_i：

$$w_i = \frac{1 - H_j}{n - \sum_{j=1}^{n} H_j} \quad (4-10)$$

再通过 TOPSIS 法计算评价指标体系的综合评价值。基本思路是将数据值换算成向量并计算最短距离，对评判对象理想解的优劣进行排序。TOPSIS 法操作灵活，便于计算，客观性强。计算步骤如下。

求得规范矩阵 $\mathbf{Z}_{ij}$：

$$\mathbf{Z}_{ij} = \frac{y_{ij}}{\sqrt{\sum_{i=1}^{n} y_{ij}^2}} \quad (4-11)$$

将信息熵法得到的权重 w_i 相结合构成加权规范矩阵 $\mathbf{X}_{ij}$：

$$\mathbf{X}_{ij} = w_i \cdot \mathbf{Z}_{ij} \quad (4-12)$$

确定理想解与负理想解：

$$\begin{cases} x_j^* = \max(x_1, x_2, \cdots, x_j) \\ x_j^0 = \min(x_1, x_2, \cdots, x_j) \end{cases} \quad 其中 j = 1, 2, \cdots, n \quad (4-13)$$

式中：x_j^*—— 理想解；

x_j^0—— 负理想解。

计算各个方案到理想解 d_i^* 的距离和负理想解 d_i^0 的距离：

$$\begin{cases} d_i^* = \sqrt{\sum_{j=1}^{n}(x_{ij} - x_j^*)^2} \\ d_i^0 = \sqrt{\sum_{j=1}^{n}(x_{ij} - x_j^0)^2} \end{cases} \quad (4-14)$$

计算各个方案到理想解距离的接近程度 C_i^*，并由大到小进行优劣排序。

$$C_i^* = \frac{d_i^0}{d_i^0 + d_i^*} \quad (4-15)$$

(2)结果分析。按照上述构建的指标体系，根据加权 TOPSIS 法计算得到长江经济带各省市的综合环境影响评价值。同时,参考相关研究,笔者将评价结果分为5类,见表4-13。

表4-13 评价值等级划分

评价值	影响等级	评价值	影响等级
0~0.20	极差	0.21~0.40	较差
0.41~0.60	一般	0.61~0.80	较好
0.81~1.00	良好		

表4-14列出了长江经济带矿产资源开发综合环境影响的评价结果。从表4-14可以发现,从评价值均值来看,2016年长江经济带矿产资源开发的综合环境影响评价值为0.36,评价等级为较差。从各省市来看,上海市的评价值为1.00,评价等级为良好;安徽省的评价值为0.47,评价等级为一般;江苏省、浙江省、江西省、湖北省、重庆市、四川省的评价值分别为0.39、0.35、0.37、0.24、0.38、0.35,评价等级均为较差;湖南省、贵州省、云南省的评价值分别为0.15、0.15、0.11,评价等级均为极差。

表4-14 2016年长江经济带矿产资源开发综合环境影响的评价结果

地区	综合环境影响评价值	评价等级
上海	1.00	良好
江苏	0.39	较差
浙江	0.35	较差
安徽	0.47	一般
江西	0.37	较差
湖北	0.24	较差
湖南	0.15	极差
重庆	0.38	较差
四川	0.35	较差
贵州	0.15	极差
云南	0.11	极差
均值	0.36	较差

整个长江经济带矿产资源开发综合环境影响水平由东部向西部小幅度降低。污染较重的省市在矿产资源开发环境影响上有相似性。首先，这些省市经济欠发达，发展任重道远。矿业占国民经济的比重大，主要矿业城市经济发展过度依赖于矿产资源开发，产业结构"偏重化"特征明显。在经济发展与环境保护产生矛盾时，生态环境就成为了"牺牲品"。实际监管活动中存在着执法不严、监管不到位的问题。采矿、选矿、精炼加工等各个环节中均会产生废水、废气和固体废弃物，过度的矿产资源开发会加重生态环境的负担，产生额外的污染物排放，造成资源环境超载。因此，这些地区部分矿产资源开发产品属于低级原料，加工链短，深加工程度低，高端深加工产品严重短缺。与此同时，这些省市的"三率"①政策尚不明确。由于综合开发的激励机制相对单一，矿产资源综合利用的大部分政策都是通过工程项目或激励基金直接发布的，实施效果不尽如人意。矿产资源的开发以区域经济效益为目标，经济效益的提高是资源保护的动力。如果"三率"的提升成本高于利润，那么矿产资源相关行业便没有动力提升"三率"。现有的政策缺乏提升清洁生产技术的鼓励，造成"三率"提升不可持续。同时，目前财税优惠政策仅针对区域内小部分群体，加之政策执行过程中产生偏差，使得已有的模范带头作用未能形成市场激励约束机制。

---

① "三率"指开采回采率、选矿回收率、综合利用率。

第 5 章 长江经济带矿产资源开发与经济环境协调发展及时空演化

促进矿产资源开发与经济、环境之间的协调关系是长江经济带生态优先、绿色发展的应有之义。"共抓大保护,不搞大开发"体现了我国在全球生态治理中的大国担当,是推动长江经济带发展的重大决策。在"共抓大保护,不搞大开发"方针下,对于长江经济带矿产资源开发-经济-环境协调发展会产生何种变化及区域内如何协调需要展开系统的研究。本章通过构建长江经济带矿产资源开发-经济-环境耦合协调度模型,考察现阶段的协调发展水平,并情景分析在"共抓大保护,不搞大开发"方针下,长江经济带各省市的协调发展水平。

5.1 协调发展水平测度方法

5.1.1 耦合协调度测算

"耦合"是一种物理概念,指的是两个或多个系统通过相互作用而相互影响的现象。耦合程度被用于反映系统之间的相互作用强度及其影响。耦合协调度模型能衡量系统在开发过程中的协调程度,反映系统从无序到有序的趋势。

由于直观数据的量级和量纲差异较大,为了更好地衡量长江经济带矿产资源、经济、环境的耦合协调度,首先通过变异系数法和 TOPSIS 法计算评价指标体系的综合评价值,再通过耦合协调模型计算出耦合协调度。本书的耦合协调度模型基于廖重斌(1999)的研究成果,计算步骤如下。

借助耦合度公式计算耦合度 B_i:

$$B_i = \left\{ \frac{E_i^* \times H_i^* \times M_i^*}{[(E_i^* + H_i^* + M_i^*)/k]^k} \right\}^{1/k} \quad (5-1)$$

式中：E_i^*——TOPSIS 法得出的经济评价指数；

H_i^*——TOPSIS 法得出的环境评价指数；

M_i^*——TOPSIS 法得出的矿产评价指数；

k——耦合的系统数量。

耦合度仅反映了经济、环境、矿产资源开发之间的作用强度，为了全面反映 3 个系统的整体功能或协调发展水平，再引入耦合协调度模型，表达式如下：

$$\begin{cases} D_i = \sqrt{B_i \times T_i} \\ T_i = \alpha E_i^* + \beta H_i^* + \gamma M_i^* \end{cases} \quad (5-2)$$

式中：D_i——耦合协调度；

T_i——经济、环境、矿产的综合评价指数；

α、β、γ——待定系数。

耦合协调度等级分类见表 5-1。

表 5-1 耦合协调度的等级划分

耦合协调度	协调等级	耦合协调度	协调等级
0~0.09	极度失调	0.50~0.59	勉强协调
0.10~0.19	严重失调	0.60~0.69	初级协调
0.20~0.29	中度失调	0.70~0.79	中级协调
0.30~0.39	轻度失调	0.80~0.89	良好协调
0.40~0.49	濒临失调	0.90~0.99	优质协调

5.1.2 耦合协调度预测

由于多元线性回归分析法的预测过程比较复杂，并且考虑到信息获取的限制及主要影响因素预测的不确定性，因此，本书选用二次指数平滑法对耦合协调度演化趋势进行考察。二次指数平滑法是一种时间序列的预测方法，在基于时态数据库的计算中具有广泛的应用前景，在趋势预测上具有灵活性、简易性和较好的预测效果，并且相关研究证明两种预测方法并没有在精度上有较大的变化（王长江，2006）。其原理是通过时间序列的历史数据揭示现象随时间变化的规律，并将这种规律延伸到未来，对该现象的未来做出预测。其步骤如下：

对时间序列 $X_1, X_2, \cdots, X_t$,指数平滑法对时间$(t+1)$的预测值是：

$$F_{t+1} = \rho X_t + \rho(1-\rho)X_{t-1} + \rho(1-\rho)^2 X_{t-2} + \cdots + \rho(1-\rho)^{t-1}X_1$$
$$\text{其中 } t = 1,2,3,\cdots,n \tag{5-3}$$

式中：ρ——平滑系数；

F_{t+1}——平滑值。

式(5-3)反映的指数平滑是对过去所有值的加权平均,因此,可用另一种更常见的方式表示指数预测：

$$F_{t+1} = F_t + \rho R_t \tag{5-4}$$

式中：R_t——时间t的预测误差。

考虑到指数平滑法只适用于不含趋势项的序列,于是将式(5-5)改进：

$$F_{t+k} = L_t + kT_t \tag{5-5}$$

式中：L_t——t时的水平估计值；

T_t——t的趋势估计值。

将L_t和T_t展开,得：

$$F_{t+k} = [\rho X_t + (1-\rho)L_{t-1}] + k[\rho(L_t - L_{t-1}) + (1-\rho)T_{t-1}] \tag{5-6}$$

可以发现,二次指数平滑法的预测精度取决于系数ρ和时间序列项数n,n值越大则系数ρ取值越小,n值越小则系数ρ取值越大。由于指数平滑法是移动平均法的特殊形式,因此,它们具有相同的灵敏度(张德南等,2004)。移动平均法用于计算的n个预测值的权属(均等于$1/n$)与递推无关,而前面未列入移动平均的权重均为0。移动平均法的平均法则$\bar{y} = (n-1)/2$,而当n较大时,指数平滑法近似有$\rho = (1-\rho)/\rho$,因此,系数$\rho = 2/(n+1)$。

5.2 经济优先情景与大保护情景设置

本书设置两种不同的发展情景,来表征国家或区域政策或战略的偏向,具体如下。

(1)经济优先情景。2016年之前,作为中国经济发展的一个重要增长极,长江沿岸各省市都以经济建设为中心,中国"晋升锦标赛治理模式"(孔繁成,2017)虽然从GDP总量比较转向GDP增速比较,但仍然属于"GDP锦标赛"的战略范畴之内。全国包括长江经济带各省市都将经济发展放在工作的首要位置,造就了中国"经济增长的奇迹"(林毅夫,2018)。长江经济带各省市统计公报显示,2016年,长江经济带上游地区矿业占工业GDP比例最大,为20.6%；中游次之,为9.5%；下游为3.6%。从图5-1可以看出,2006—2016年长江经济带上游地区的矿业产值占比呈逐年增长态势,中游地区呈先增长后降低态势,下游呈缓慢降低态势。另外,各省市环境治理投入占 GDP 的比例变化不大。

(2)"大保护"情景。2016 年 1 月,长江经济带提出"共抓大保护,不搞大开发"方针,环保督察、环保一票否决与环境生态审计等政策陆续在长江经济带各省市实施。在中国独特的政治晋升制度与国家"三大攻坚战"方针的影响下(周黎安,2007),长江经济带各省市必然将环境保护工作放在压倒性位置。由表 5-2 可以看出长江经济带各省市 2016 年与 2017 年的环保投资总额比之前有了明显增加,并且有部分省市环保投入占 GDP 的比例也有所上升,各省市矿产占比开始下降,见图 5-1。

表 5-2 长江经济带各省市环保投资总额 单位:亿元

地区	2006 年	2007 年	2008 年	2009 年	2010 年	2011 年	2012 年	2013 年	2014 年	2015 年	2016 年	2017 年
上海	88.1	94.3	123.0	153.5	160.1	134.0	144.8	134.1	187.6	250.0	220.3	205.3
江苏	294.3	282.7	318.2	395.9	369.9	466.4	527.1	657.2	881.0	880.6	952.5	765.6
浙江	160.3	140.3	177.4	519.7	198.0	333.7	210.4	375.0	390.4	474.2	439.7	650.6
安徽	49.3	52.0	82.4	139.0	139.2	179.9	212.2	330.2	506.0	428.7	439.7	498.2
江西	37.1	37.5	45.5	39.2	70.4	156.5	173.0	316.0	239.6	231.2	235.5	313.3
湖北	62.0	67.7	64.3	90.1	150.6	146.8	184.3	285.5	252.7	316.5	246.8	464.7
湖南	37.7	54.0	64.6	91.4	146.6	106.3	101.7	190.3	233.6	213.6	537.5	200.4
重庆	50.2	60.1	63.7	67.3	109.6	176.3	210.3	186.9	173.5	168.4	139.0	144.2
四川	78.3	71.1	102.2	100.7	103.5	89.0	108.6	178.3	234.0	288.2	216.0	290.4
贵州	14.1	19.8	22.4	23.2	21.2	30.0	47.1	68.9	109.7	170.4	137.5	118.4
云南	28.4	29.0	29.9	44.1	79.6	106.2	88.4	132.4	197.1	152.0	140.8	145.8

数据来源:《中国环境统计年鉴》(2006—2017)。

基于上述分析,我们可以通过调整 α、β、γ 的大小来分析两种不同情景的趋势。参考相关研究,为反映出系统之间的性能差距,系统的作用程度越高其待定系数相应也应采用更高的值,所有系统的待定系数之和为 1。当存在多个系统时,单一系统的待定系数最高取值 0.5,因为在实际系统耦合中,不能过于忽略其他系统的贡献程度。因此,为突出经济优先情景和"大保护"情景的贡

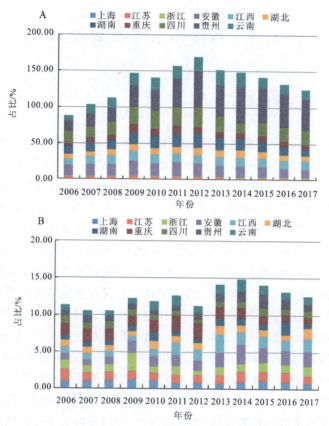

图 5-1　2006—2017 年长江经济带矿业产值占工业产值比例与
环保治理投入占 GDP 比例

A. 矿业产值占工业产值比例；B. 环保治理投入占 GDP 比例

献程度，耦合协调度待定系数通过专家评分法和参考长江经济带上中下游的经济水平、环境水平、矿产水平的差异性选取。在经济优先情景下，α、β、γ 的设定如下：下游地区为 0.20、0.50、0.30，中游地区为 0.25、0.50、0.25，上游地区为 0.30、0.50、0.20；在"大保护"情景下，α、β、γ 的设定如下：下游地区为 0.20、0.30、0.50，中游地区为 0.25、0.25、0.50，上游地区为 0.30、0.20、0.50。

5.3 指标体系与数据处理

5.3.1 指标体系

表 5-3 是部分文献选取的指标体系及其结果。在借鉴逯进等(2017)研究的基础上,本节将从规模、结构和效益 3 个方面形成经济与矿产的指标,从污染程度与治理效果形成环境指标。需特别指出的是,环境指标仅包含矿产业的环境污染程度和治理效益水平,根据 2016 年发布的《环境影响评价技术导则总纲》,本节采用矿业产值乘以单位工业产值排放量的方式对污染排放量进行估算。其中矿业产值为《中国统计年鉴(2016)》中煤炭开采和洗选业、石油和天然气开采业、黑色金属矿采选业、有色金属矿采选业和非金属矿采选业五大行业的总产值。为体现长江经济带各省市资源禀赋结构的不同,根据《中国矿业年鉴(2016)》可知,矿产规模指标包含石油、天然气和矿石的开采量,结构指标分为能源、金属和非金属 3 类。考虑到 2006 年是中国"十一五"规划的第一年,是新世纪战略机遇进入上升期以来新一轮宏观调控后的第一年;党的十六届五中全会审议通过的《关于制定国民经济和社会发展第十一个五年规划的建议》将建设资源节约型、环境友好型社会作为独立篇章,把环境保护摆上了十分突出的战略位置;同时国务院颁布了《国务院关于加强地质工作的决定》,说明新一轮的找矿工作已拉开序幕,寻找有宏观影响的大成果已成为地质勘查工作的重点。矿产-经济-环境协调发展迫在眉睫,因此,本节选择以 2006 年为研究时间起点。

表 5-3 部分文献的指标体系选取及结果

文献	研究对象	指标选取	考察结果
《河南省矿产资源产业耦合协调关系研究》	以能源、黑色金属、有色金属、非金属 4 类矿产的采选业与加工业为研究对象	包括矿产资源采选业和矿产资源加工业两个子系统,矿产资源采选业是反映矿产资源初级工业水平,矿产资源加工业反映了矿产资源的附加值	1999—2016 年河南省矿产资源产业耦合协调关系总体呈现上升并趋稳的态势,呈现"S"形

续表 5-3

文献	研究对象	指标选取	考察结果
《矿业城市环境经济系统耦合评价:以安徽铜陵市为例》	矿业城市的环境、经济系统	矿业城市环境经济系统包括经济发展(原因)、环境压力(表征)和人文响应(措施)	矿业城市面临经济转型、环境治理和社会矛盾化解多方面压力
《构建矿城耦合系统协同发展体系的研究》	矿区和矿业城市	矿业系统、经济系统、环境系统、人口及社会系统	需要构建矿城耦合协同发展体系
《西部地区自然资源与产业结构耦合度的时空演变分析》	自然资源、产业结构	资源承载指数、产值区位因素	西部地区自然资源与产业结构的耦合度呈"M"形趋势变化,整体耦合度较高,演化趋势存在差异
《社会、经济与资源环境复合系统协同进化模型的构建及应用:以大连市为例》	社会、经济与资源环境	社会、经济与资源环境的社会效益指数与竞争力指数	社会系统、经济系统和资源环境系统3个系统共同发展,向稳定结构状态转化

5.3.2 数据来源与处理

本节所选的数据主要来源于《中国统计年鉴》(2006—2017)、《中国环境年鉴》(2006—2017)、《中国矿业年鉴》(2006—2015)和《中国国土资源年鉴》(2016—2017)及各省市 2016—2020 年的矿产资源总体规划,对于其中仍无法直接获取的数据,采取加权平均法对缺失指标赋值补缺;评价权重、综合评价和耦合协调度的处理通过 EXCEL 2016 完成,二次平滑指数法的处理通过 JMP 13.0 完成。经济、环境与矿产资源开发的协调发展评价体系如表 5-4 所示。

表 5-4 长江经济带矿产资源开发-经济-环境协调发展评价体系及权重

一级指标	二级指标	三级指标	单位	权重
经济	规模	地区生产总值(GDP)	亿元	0.054
		进出口贸易总额	万美元	0.040
		固定资产投资总额	亿元	0.072
		社会消费品零售总额	亿元	0.061
		工业总产值	亿元	0.049
	结构	第一产业占比	%	0.019
		第二产业占比	%	0.006
		第三产业占比	%	0.008
	效益	人均GDP	元	0.048
		人均城镇居民可支配收入	元	0.044
		财政收入占GDP比例	%	0.018
环境	污染程度	破坏土地面积*	hm^2	0.031
		废水排放总量*	万t	0.017
		固体废弃物排放总量*	万t	0.043
		二氧化硫排放总量*	万t	0.022
		灾害直接经济损失*	万元	0.050
	治理效益	矿山恢复治理资金	万元	0.062
		固体废弃物综合利用率	%	0.004
		废水达标率	%	0.002
		二氧化硫去除率	%	0.004
矿产资源开发	规模	石油产量	万t	0.008
		天然气产量	亿m^3	0.028
		矿石产量	万t	0.017
		矿业产值	亿元	0.056
		固定资产总额	亿元	0.059
		从业人数	人	0.016

续表 5-4

一级指标	二级指标	三级指标	单位	权重
矿产资源开发	结构	能源产业产值占矿业产值比例	%	0.014
		金属产业产值占矿业产值比例	%	0.009
		非金属产业产值占矿业产值比例	%	0.031
	效益	单位工业 GDP 消耗*	t/万元	0.031
		矿业产值占工业产值比例	%	0.021
		利润总额	万元	0.058

注：*指逆向指标。

5.4 协调发展水平的测算结果

5.4.1 综合评价指数分析

表5-5列出了计算得出的长江经济带各省市2006—2015年矿产资源开发-经济-环境综合评价指数。观察综合评价指数可以发现,从均值来看,长江经济带经济水平整体均值由2006年的0.31上升到2015年的0.34,上升幅度缓慢,涨幅9.6%,但总体态势良好;与此同时,环境水平的整体均值也由2006年的0.41上升到2015年的0.56,涨幅36.58%,但整个时序内不平稳,说明环境规制对于长江经济带的环境水平起到重要作用,环境政策成效显著,促进环境水平的迅速提升;矿产资源开发水平整体均值在0.36左右波动,说明长江经济带目前的矿产资源开发水平趋于稳定。同时,矿产资源开发水平和经济、环境水平存在一定联系。2006—2015年,虽然矿产资源开发水平和环境水平在一些年份有着不同程度的下降,但从长期趋势来看,矿产资源开发、经济、环境水平均存在缓慢上升的趋势,这反映了我国正在逐步有序地转变经济增长方式,同时也是矿业结构调整的体现,在提高环境质量的同时尽量减少矿产资源开发水平对经济增长速度的冲击。

表5-5 2006—2015年长江经济带各省市矿产资源开发-经济-环境综合评价指数

系统	地区	2006年	2007年	2008年	2009年	2010年	2011年	2012年	2013年	2014年	2015年
经济	上海	0.58	0.55	0.54	0.52	0.50	0.47	0.45	0.44	0.44	0.44
	江苏	0.74	0.75	0.75	0.76	0.77	0.80	0.81	0.82	0.80	0.81
	浙江	0.66	0.65	0.64	0.61	0.58	0.59	0.58	0.59	0.59	0.59
	安徽	0.19	0.19	0.22	0.23	0.24	0.26	0.25	0.26	0.27	0.27
	江西	0.15	0.14	0.14	0.15	0.17	0.18	0.17	0.16	0.17	0.17
	湖北	0.26	0.25	0.26	0.27	0.29	0.31	0.32	0.33	0.34	0.37
	湖南	0.24	0.22	0.24	0.25	0.26	0.28	0.29	0.30	0.31	0.31
	重庆	0.13	0.14	0.14	0.14	0.15	0.17	0.18	0.17	0.16	0.17
	四川	0.23	0.29	0.30	0.30	0.34	0.35	0.34	0.35	0.37	0.35
	贵州	0.08	0.09	0.08	0.08	0.08	0.09	0.09	0.10	0.10	0.11
	云南	0.11	0.12	0.12	0.12	0.13	0.13	0.12	0.12	0.14	0.13
	均值	0.31	0.31	0.31	0.31	0.32	0.33	0.33	0.33	0.33	0.34
环境	上海	0.40	0.48	0.44	0.40	0.42	0.45	0.50	0.50	0.43	0.48
	江苏	0.61	0.83	0.88	0.89	0.68	0.69	0.72	0.89	0.70	0.69
	浙江	0.76	0.76	0.70	0.63	0.43	0.49	0.58	0.53	0.54	0.65
	安徽	0.33	0.53	0.51	0.48	0.34	0.53	0.66	0.56	0.50	0.51
	江西	0.42	0.39	0.41	0.38	0.41	0.42	0.50	0.50	0.43	0.41
	湖北	0.37	0.43	0.46	0.45	0.44	0.59	0.81	0.75	0.51	0.72
	湖南	0.36	0.43	0.46	0.44	0.69	0.75	0.74	0.73	0.63	0.72
	重庆	0.37	0.45	0.39	0.38	0.37	0.47	0.55	0.55	0.41	0.37
	四川	0.27	0.57	0.34	0.30	0.19	0.28	0.30	0.29	0.30	0.37
	贵州	0.33	0.37	0.38	0.34	0.39	0.41	0.49	0.54	0.68	0.51
	云南	0.35	0.41	0.38	0.30	0.48	0.50	0.60	0.52	0.32	0.69
	均值	0.41	0.51	0.50	0.45	0.44	0.51	0.59	0.58	0.49	0.56

续表 5-5

系统	地区	2006年	2007年	2008年	2009年	2010年	2011年	2012年	2013年	2014年	2015年
矿产资源开发	上海	0.18	0.16	0.15	0.14	0.13	0.13	0.13	0.13	0.14	0.16
	江苏	0.55	0.48	0.41	0.43	0.34	0.30	0.29	0.31	0.31	0.32
	浙江	0.31	0.31	0.30	0.29	0.28	0.27	0.28	0.28	0.29	0.30
	安徽	0.49	0.53	0.55	0.59	0.58	0.58	0.54	0.55	0.54	0.47
	江西	0.29	0.30	0.31	0.31	0.27	0.25	0.25	0.27	0.30	0.34
	湖北	0.41	0.37	0.29	0.33	0.28	0.27	0.28	0.30	0.35	0.34
	湖南	0.39	0.35	0.39	0.38	0.36	0.40	0.43	0.42	0.46	0.42
	重庆	0.17	0.17	0.17	0.22	0.21	0.21	0.18	0.18	0.21	0.25
	四川	0.73	0.73	0.73	0.72	0.64	0.72	0.73	0.72	0.70	0.73
	贵州	0.24	0.25	0.24	0.31	0.32	0.35	0.41	0.45	0.45	0.45
	云南	0.34	0.42	0.39	0.33	0.31	0.27	0.28	0.30	0.34	0.28
	均值	0.37	0.37	0.36	0.37	0.33	0.34	0.34	0.35	0.37	0.37

从长江经济带上游、中游、下游来看，下游地区所有综合评价指数均呈下降趋势，但仍高于中上游地区；相较于中游、下游地区，上游地区矿产资源丰富，但是经济水平与中下游地区仍有差距，需要通过矿产资源带动经济增长，提高开发利用和环保治理效率；相较于上游、下游地区，中游地区的矿产资源开发、经济、环境综合评价指数均处在中等区间，但是不能忽略环境保护与治理，应该在最严格的环境准入条件下进行适度开发。

5.4.2 耦合协调度结果分析

表 5-6 列出了在经济优先情景下的 2006—2015 年长江经济带各省市矿产资源开发-经济-环境的耦合协调度。2006—2015 年，长江经济带矿产资源开发-经济-环境耦合协调度呈小幅上升的趋势。从均值来看，耦合协调度从 0.58 上升至 0.62，涨幅 6.89%，从勉强协调区间上升至初级协调区间。从各省市情况来看，2006—2015 年贵州省、湖南省和湖北省的耦合协调度上升幅度最大，分别从 0.43、0.57、0.58 上升到 0.54、0.67、0.67，涨幅分别为 25.58%、17.54%、15.52%，到 2015 年分别处于勉强协调、初级协调、初级协调区间，态势良好，这也与杨永均等（2014）的研究相符；浙江省下降幅度最大，从 0.76 下

降至 0.70，降幅 7.89%，保持在中级协调区间；上海市、江苏省小幅下降，分别从 0.59、0.79 下降至 0.57、0.75，降幅 3.39%、5.06%，到 2015 年分别处于勉强协调和中级协调区间；安徽省、江西省、重庆市、四川省、云南省均有上升，分别从 0.56、0.51、0.45、0.60、0.49 上升至 0.63、0.54、0.50、0.67、0.54，涨幅 12.50%、5.88%、11.11%、11.67%、10.20%，到 2015 年分别处于初级协调、勉强协调、勉强协调、初级协调、勉强协调区间。

表 5-6　2006—2015 年长江经济带各省市矿产资源开发-经济-环境耦合协调度

地区	2006 年	2007 年	2008 年	2009 年	2010 年	2011 年	2012 年	2013 年	2014 年	2015 年
上海	0.59	0.59	0.57	0.56	0.55	0.55	0.56	0.55	0.55	0.57
江苏	0.79	0.82	0.81	0.81	0.75	0.74	0.74	0.78	0.74	0.75
浙江	0.76	0.76	0.73	0.69	0.64	0.66	0.68	0.67	0.67	0.70
安徽	0.56	0.61	0.63	0.62	0.6	0.65	0.67	0.67	0.64	0.63
江西	0.51	0.5	0.51	0.51	0.51	0.52	0.53	0.53	0.53	0.54
湖北	0.58	0.58	0.57	0.58	0.57	0.60	0.64	0.65	0.63	0.67
湖南	0.57	0.57	0.59	0.59	0.64	0.66	0.67	0.67	0.67	0.67
重庆	0.45	0.47	0.46	0.48	0.47	0.51	0.51	0.51	0.49	0.50
四川	0.60	0.70	0.65	0.63	0.59	0.64	0.65	0.65	0.65	0.67
贵州	0.43	0.45	0.44	0.45	0.46	0.48	0.50	0.53	0.56	0.54
云南	0.49	0.52	0.51	0.48	0.52	0.51	0.52	0.52	0.49	0.54
均值	0.58	0.60	0.59	0.58	0.57	0.59	0.61	0.61	0.60	0.62

图 5-2 反映了 2006—2015 年长江经济带矿产资源开发-经济-环境和各子系统之间的耦合协调度。从图 5-2 可以发现，2006—2015 年，长江经济带各省市经济-环境耦合协调度的发展态势呈整体小幅增长、部分小幅下降的特征，说明整个长江经济带各省市的经济与环境相互促进与制约；矿产资源开发-经济耦合协调度发展态势围绕 0.34 上下波动，说明矿产的稳定对经济产生一定影响，但整体耦合协调水平仍有待提高，同时也说明了资源依赖性相较过去有所下降，产业结构正在逐步转变；矿产资源开发-环境耦合协调度发展态势呈整体小幅上升的特征，说明矿产资源开发对环境污染的贡献率有小幅下降。

第5章 长江经济带矿产资源开发与经济环境协调发展及时空演化

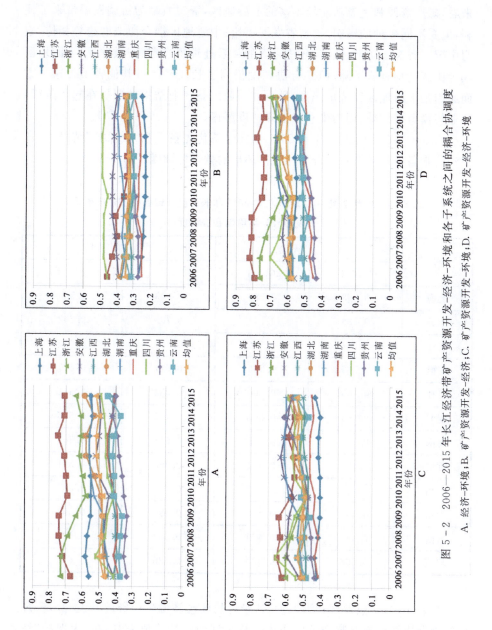

图5-2 2006—2015年长江经济带矿产资源开发-经济-环境和各子系统之间的耦合协调度

A. 经济-环境；B. 矿产资源开发-经济；C. 矿产资源开发-经济-环境；D. 矿产资源开发-经济-环境

· 87 ·

综上所述,在经济优先情景下,长江经济带各省市之间的矿产资源开发-经济-环境耦合协调发展水平仍有差异。究其原因,从长江经济带上、中、下游来看,矿产资源和生态功能较丰富的上游地区,资源禀赋为协调发展带来了便利,但受不同矿种的影响,贵州省发展更快;中游地区耦合协调度趋势相仿,表明中游三省对于矿产、经济、环境之间的关系处理得当;除安徽省外,下游地区耦合协调度均有所下降,但耦合协调度仍高于长江经济带其他省市。这一方面原因是下游地区经济水平高,另一方面原因是产业结构转型仍在起步阶段,矿业规模急速缩减,而污染总量下降速度缓慢。

表5-7列出了2016年和2017年在经济优先情景和"大保护"情景下,长江经济带各省市矿产资源开发-经济-环境的耦合协调度。

表5-7 两种情景下的2016年和2017年长江经济带各省市矿产资源开发-经济-环境耦合协调度

地区	经济优先情景		"大保护"情景	
	2016年	2017年	2016年	2017年
上海	0.598	0.589	0.603	0.583
江苏	0.788	0.741	0.785	0.702
浙江	0.709	0.716	0.707	0.720
安徽	0.589	0.596	0.617	0.627
江西	0.505	0.500	0.554	0.541
湖北	0.664	0.607	0.741	0.625
湖南	0.595	0.635	0.618	0.703
重庆	0.494	0.504	0.563	0.561
四川	0.658	0.659	0.667	0.667
贵州	0.494	0.488	0.590	0.553
云南	0.463	0.459	0.552	0.523
均值	0.596	0.590	0.636	0.619

从表5-7可以发现,"大保护"情景对长江经济带矿产资源开发-经济-环境的耦合协调度提升起到较好作用。从长江经济带均值来看,在"大保护"情景下,2016年,矿产资源开发-经济-环境耦合协调度高出经济优先情景0.04,约高6.72%,2017年高出0.029,约高4.80%。从地区来看,2016年,在"大保

护"情景下,江苏省、浙江省的矿产资源开发-经济-环境耦合协调度分别低于经济优先情景0.38%、0.22%,上海市、安徽省、江西省、湖北省、湖南省、重庆市、四川省、贵州省、云南省分别高于经济优先情景0.72%、4.74%、9.72%、11.64%、3.90%、13.99%、1.39%、19.49%、19.16%;2017年,在"大保护"情景下,上海市、江苏省矿产资源开发-经济-环境耦合协调度分别低于经济优先情景0.98%、5.16%,其余省市均高于经济优先情景下的。两种情景结果比较表明:短期内"大保护"情景下各省市的耦合协调度会产生差异性变化,同时会带来部分省市耦合协调度的下降。尤其在经济发达地区,如上海和江苏,更应该注意平衡经济与环保之间的平衡,"一刀切"式环保治理可能会对本地协调度产生负向影响。

第6章 长江经济带矿产资源开发与经济环境协调发展的空间溢出效应

长江经济带矿产资源开发对经济发展与环境保护具有链接性作用,"共抓大保护,不搞大开发"方针有效地促进了矿产资源开发-经济-环境耦合协调发展,然而,长江经济带的协调发展水平在空间上产生何种效应,同时矿产资源开发对协调发展的空间效应有何影响也是需要研究的重要课题。本章应用空间计量模型估计,从空间影响因素考察矿产资源开发对长江经济带协调发展的水平,以期搭建一个逻辑清晰的研究脉络,更加精确地研究长江经济带矿产资源开发-经济-环境协调发展的空间溢出效应。

6.1 经济环境协调发展的空间相关性分析

6.1.1 空间权重矩阵设定

空间权重矩阵是空间计量经济模型的重要组成部分,可以量化空间溢出效应。空间权重矩阵的基本形式如下:

$$W = \begin{bmatrix} w_{11} & w_{12} & \cdots & w_{1n} \\ w_{21} & w_{22} & \cdots & w_{2n} \\ \vdots & \vdots & \ddots & \vdots \\ w_{1n} & w_{2n} & \cdots & w_{nm} \end{bmatrix} \quad (6-1)$$

式中:n——空间单元的数量;

w_{nm}——空间单元之间的权重。权重越大,表明空间关系更接近。

随着空间测量的发展,空间权重矩阵越来越多地针对不同的研究需求来设定。参照相关空间权重矩阵的设置方法,设置以下3个不同的空间权重矩阵。

(1)0~1 空间权重(W0~1 权重)矩阵。具体来讲,该类矩阵分为3种,分别为"车步"邻接(rook contiguity)、"象步"邻接(bishop contiguity)、"后步"邻接(queen contiguity)。其中,"车步"邻接意味着两个区域相邻,只要它们具有相同的边界即可;"象步"邻接是指两区域拥有共同的顶点就视为相邻;"后步"邻接意味着如果两个区域具有共同的边界或顶点,则认为它们是相邻的。本章采用"后步"邻接方法设置 0~1 空间权重矩阵,具体形式如下:

$$w_{ij} = \begin{cases} 0 & (区域\ i\ 和区域\ j\ 不相邻) \\ 1 & (区域\ i\ 和区域\ j\ 相邻) \end{cases} \quad (6-2)$$

(2) 地理距离权重(WGEO 权重)矩阵。常采用每个区域与其他区域的之间的距离来构造空间权重矩阵的权数。本章采用的是长江经济带各省市之间的距离构造空间权重矩阵,具体形式如下:

$$w_{ij} = \frac{M_{ij}}{\sum_{j=1}^{n} M_{ij}} \quad (6-3)$$

式中:M—— 连接区域 i 和区域 j 之间的地理距离;

n—— 区域内所有省市的数量。

(3) 经济距离权重(WGDP 权重)矩阵。采用每个区域与其他区域之间的 GDP 比重来构造空间权重矩阵。本书采用的是长江经济带各省市 2017 年的 GDP 来构造空间权重矩阵,具体形式如下:

$$w_{ij} = \frac{1/\mid X_i - X_j \mid}{\sum_{j=1}^{n} 1/\mid X_i - X_j \mid} \quad (6-4)$$

式中:X—— 每个区域的 GDP 总量。

在实际研究应用中,由于空间单元的多样性和复杂性,我们需要针对不同的空间模式筛选合适的空间权重矩阵。本书研究的长江经济带不仅是多边形空间单元,而且是经济交往频繁的空间区域。因此,本书构造了各种空间权重矩阵进行实证分析。各矩阵的适用范围、优点和缺点如表 6-1 所示。

表 6-1 空间权重矩阵的适用范围及优点、缺点

矩阵类型	适用范围	优点	缺点
0~1 空间权重矩阵	多边形空间单元	计算量小,简单直观	不能对离散点区域的邻接关系进行描述
地理距离权重矩阵	多边形空间单元	考虑了地理距离的影响	计算量大,参数设定难度大
经济距离权重矩阵	经济往来的空间单元	考虑了区域间贸易、政策和社会影响	计算量大,变量选择容易过于主观

6.1.2 数据来源与处理

影响协调发展的因素是多维且复杂的,协调发展水平很有可能是多种因素协同作用的结果。本书从矿产资源开发-经济-环境协调发展出发,同时为避免空间溢出效应出现内生性问题,在充分考虑长江经济带矿产资源开发对协调发展的空间溢出效应的基础上,选取前文计算的经济-环境耦合协调度来反映协调发展水平,空间相关性分析部分的数据处理均由 OpenGeoDA 和 STATA 15.0 完成。

长江经济带协调发展的空间依赖性是建立模型的前提。参考相关研究可知,全局莫兰指数与局部莫兰指数在空间研究中有较好的稳定性(刘华军等,2019),分别用来检验经济指标在空间的全局相关性和局部相关性。因此,本书采用莫兰指数对长江经济带各省市的空间自相关性进行验证。

全局莫兰指数的计算公式为:

$$\begin{cases} I = \dfrac{n \sum_{i=1}^{n} \sum_{j=1}^{n} w_{ij}(x_i - \bar{x})(x_j - \bar{x})}{\sum_{i=1}^{n} \sum_{j=1}^{n} w_{ij} \sum_{i=1}^{n} (x_i - \bar{x})^2} = \dfrac{\sum_{i=1}^{n} \sum_{j=1}^{n} w_{ij}(x_i - \bar{x})(x_j - \bar{x})}{S^2 \sum_{i=1}^{n} \sum_{j=1}^{n} w_{ij}} \\ S^2 = \sum_{i=1}^{n} (x_i - \bar{x})^2 / n \\ \bar{x} = \sum_{i=1}^{n} x_i / n \\ -1 \leqslant I \leqslant 1 \end{cases} \quad (6-5)$$

当 $I > 0$ 时,表明存在正的空间自相关性;当 $I < 0$ 时,表明存在负的空间自相关性;当 $I = 0$ 时,则不存在空间自相关性。

局部莫兰指数的计算公式为:

$$I = \dfrac{n(x_i - \bar{x}) \sum_{j=1}^{n} w_{ij}(x_i - \bar{x})}{\sum_{i=1}^{n} (x_i - \bar{x})^2} = \dfrac{(x_i - \bar{x}) \sum_{j=1}^{n} w_{ij}(x_i - \bar{x})}{S^2} \quad (6-6)$$

式中:n——研究区的总个数;

w_{ij}——空间权重矩阵的元素值;

x_i——区域 i 的观测值;

x_j——区域 j 的观测值;

$\bar{x}$——观测值的均值；

S^2——观测值的方差。

除了考察局部莫兰指数外，局部自相关性还可以通过绘制莫兰散点图来表示。莫兰散点图是一种二维坐标图，通过可视化的方式表述空间因子及其空间滞后因子，其横坐标是空间因子 z，纵坐标是空间滞后因子 WZ，它通常通过坐标轴的 4 个象限来进行研究。坐标轴的每个象限都反映出了所研究的空间单元与其邻近空间单元的空间连接形式。

6.1.3 空间自相关性检验

在对长江经济带协调发展的空间自相关性进行分析前，本节通过全局莫兰指数来对整个地区的空间布局和分布进行分析。表 6-2 列出了 2006—2017 年长江经济带经济-环境协调发展水平的全局莫兰指数情况。由全局莫兰指数逐年变化结果可以发现：无论是在邻接空间权重、地理距离权重下还是在经济空间权重下，协调发展水平的全局莫兰指数均为正数，P 值都在 5% 的显著性水平下显著，说明了长江经济带各省市之间的协调发展水平存在着正的空间自相关性。此外，还可以进一步得出如下结论：长江经济带的协调发展水平在空间上的分布呈现出空间集聚趋势，从 Moran's I 指数的演变趋势来看，在 3 种空间权重下，整个 2006—2017 年的 Moran's I 指数波动明显，说明协调发展水平的空间依赖性受到其他因素的影响。Moran's I 指数在 0~1 空间权重下最大，在经济距离权重下次之，在地理距离权重下最小。这说明了地理距离在一定程度上降低了各地区间的空间依赖性，而相邻省市助长了这种空间依赖性。

表 6-2 2006—2017 年长江经济带协调发展水平的全局莫兰指数

年份	空间权重矩阵								
	W0~1			WGEO			WGDP		
	I	z	P 值	I	z	P 值	I	z	P 值
2006	0.313	2.229	0.013	0.123	2.611	0.005	0.164	2.013	0.035
2007	0.301	2.153	0.016	0.112	2.464	0.007	0.163	2.010	0.036
2008	0.346	2.354	0.009	0.138	2.722	0.003	0.178	2.073	0.031
2009	0.318	2.228	0.013	0.132	2.682	0.004	0.169	2.025	0.034

续表 6-2

年份	空间权重矩阵								
	W0~1			WGEO			WGDP		
	I	z	P 值	I	z	P 值	I	z	P 值
2010	0.326	2.270	0.012	0.138	2.751	0.003	0.189	2.163	0.025
2011	0.310	2.207	0.014	0.129	2.669	0.004	0.162	1.995	0.036
2012	0.319	2.274	0.011	0.129	2.694	0.004	0.161	2.001	0.036
2013	0.266	1.977	0.024	0.116	2.520	0.006	0.171	2.058	0.032
2014	0.292	2.133	0.016	0.126	2.666	0.004	0.166	2.038	0.033
2015	0.310	2.205	0.014	0.133	2.716	0.003	0.174	2.072	0.031
2016	0.281	2.056	0.020	0.126	2.644	0.004	0.193	2.210	0.022
2017	0.264	1.932	0.027	0.112	2.442	0.007	0.183	2.117	0.028

整体的空间自相关分析并不能反映出局部地区的实际空间关联情况，全局指数反映事物整体的空间相关状况。然而，Anselin(2010)指出整体评估可能会忽略当地的非典型特征。因此，对长江经济带协调发展水平进行局部莫兰指数检验，本书将采用莫兰散点图进行分析。

图 6-1 分别显示了长江经济带 2006 年、2017 年在 3 种不同空间权重矩阵下的莫兰散点图。总的来说，3 种空间权重矩阵下的莫兰散点图具有很高相似度，大部分省市都集中在第一象限、第三象限。其中，不论是在哪种空间权重下，上海市、江苏省、浙江省都始终位于第一象限中，即 HH 集聚区内，说明这些省市不仅自身的协调发展水平较高，同时被邻近拥有较高协调发展水平的省市包围，属于协调发展的聚集区；四川省在 W0~1 权重下和 WGEO 权重下位于第四象限，即 LL 聚集区内，说明四川省协调发展水平相对较低，地理条件限制了四川省的协调发展水平，同理湖北省在 W0~1 权重下协调发展水平也受到地理因素的限制，而在经济距离权重下，四川省和湖北省协调发展水平均位于第一象限内，说明这两个省份的经济发展水平在协调发展水平中起到重要作用。由于大部分地区都位于第一象限、第三象限内，我们可以认为长江经济带各省市的协调发展水平存在明显的空间依赖性；安徽省和江西省存在着非典型空间相关性，在 W0~1 权重下和在 WGEO 权重下，其协调发展水平位于第二象限，即 LH 集聚区，自身的协调发展水平低，而周围省市的协调发展水平高，是偏离全域的空间自相关区域。

工业化程度是协调发展水平呈现出以上分布态势的重要动因。首先，长

第6章 长江经济带矿产资源开发与经济环境协调发展的空间溢出效应

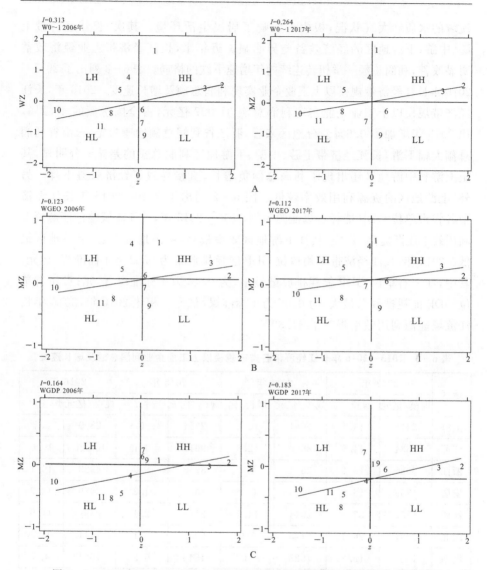

图6-1 2006年和2017年在3种权重下的长江经济带协调发展莫兰散点图
A. W0~1权重下的莫兰散点图;B. WGEO权重下的莫兰散点图;C. WGDP权重下的莫兰散点图;1. 上海市;2. 江苏省;3. 浙江省;4. 安徽省;5. 江西省;6. 湖北省;7. 湖南省;8. 重庆市;9. 四川省;10. 贵州省;11. 云南省;HH. 高高;LH. 低高;HL. 高低;LL. 低低

江经济带以发展工业为主动力,造成了严重的环境污染。长江经济带是以沿江工业为主的中国内河经济带。2015年,长江经济带工业总产值占GDP的40%,虽然沿江工业蓬勃发展,但由此也带来一系列环境污染问题:污染长江流域的水质和大气状况,极大地影响了居民生活环境。其次,长江经济带上游、中游、下游地区的经济效益差异明显。近年来,长江经济带工业经济效益明显改善,利润总额一举扭转连续两年增速下跌的格局。表6-3列出了2013—2016年长江经济带规模以上工业企业实现利润总额及增长速度。2016年,长江经济带规模以上工业企业实现利润总额31 027亿元,占全国份额的45.1%,比2015年增加了0.6%。分地区来看,浙江省利润总额增速领先,云南省利润总额大幅下滑,长江经济带上游、中游、下游地区利润总额的差异十分明显,甚至上游和中游地区还出现了利润总额负增长,直接导致了经济效益下降。另外,上游地区的资源利用效率较低。图6-2列出了2010—2015年长江经济带各省市单位GDP能耗。以能源为例,2010—2015年,长江流域整体能源资源利用效率逐渐提高,其中,长江下游地区效率最高,中游地区次之,上游地区最低。2015年,长江经济带平均单位GDP能耗排放量为0.52万t标准煤/亿元。其中,江苏省单位GDP能耗排放量最小,为0.43万t标准煤/亿元;贵州省单位GDP能耗排放量最大,为0.95万t标准煤/亿元。相比2010年,2015年长江流域能源利用效率提升了34.39%。

表6-3 2013—2016年长江经济带各省市规模以上工业企业利润总额及增长速度

地区	2013年		2014年		2015年		2016年	
	规模/亿元	增长/%	规模/亿元	增长/%	规模/亿元	增长/%	规模/亿元	增长/%
上海	2415	13.1	2661	10.4	2651	−0.9	2899	8.1
江苏	7834	14.5	8840	12.8	9617	9.1	10 526	10.0
浙江	3386	15.2	3544	5.1	3718	5.0	4323	16.1
安徽	1759	16.9	1775	0.1	1853	4.2	2079	12.3
江西	1757	33.8	2044	14.1	2128	2.4	2399	11.9
湖北	2081	26.4	2175	5.9	2233	2.1	2441	9.6
湖南	1585	19.2	1523	−3.7	1549	0.3	1621	4.5
重庆	878	42.5	1170	30.8	1394	16.5	1585	12.6
四川	2168	1	2046	−3.4	2044	−5.3	2176	5.4
贵州	477	−0.5	539	9.4	616	10.7	670	5.6
云南	549	5.5	479	−12.5	462	−9.5	309	−34.2
长江经济带	24 890	15.9	26 796	7.7	28 264	4.6	31 027	9.6

资料来源:《长江经济带发展报告(2016—2017)》。

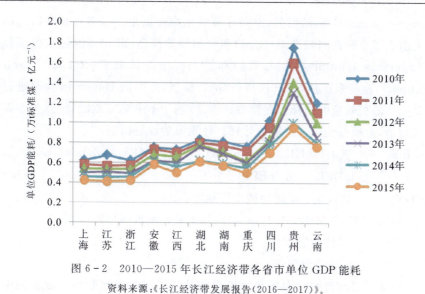

图 6-2　2010—2015 年长江经济带各省市单位 GDP 能耗

资料来源:《长江经济带发展报告(2016—2017)》。

6.2　矿产资源开发与经济环境协调发展的空间溢出效应

6.2.1　空间计量模型构建

对经济发展与环境质量关系问题进行实证分析的研究始于 20 世纪 90 年代,环境库兹涅茨曲线的提出开启了环境与经济发展关系的实证分析时代(屈文波,2018;周奕,2018;王树强等,2019)。在实证分析中,学者们主要通过不同的测量方法引入其他解释变量,通常加入一些控制变量来解决模型的内生问题,并在此基础上广泛讨论经济与环境的关系。同时,他们也通过环境库兹涅茨曲线对这一问题进行了实证研究,试图描述污染水平与经济发展之间的关系:在经济发展的早期阶段,一个国家的整体环境质量或污染水平随着国民经济收入的增加而恶化或加剧;当一个国家的经济发展到相对较高的水平时,环境质量或污染水平开始保持稳定,然后随着国民收入的不断增加而逐渐提高(邵帅等,2019)。

在 20 世纪 80 年代后,随着空间统计学和地理信息系统(geographic information system,GIS)的发展,空间计量学也应运而生。本书在实际研究的基础上引入了空间自回归模型(SAR)和空间误差模型(SEM),通过拉格朗日乘子(Lagrange multiplier,LM)检验和稳态拉格朗日乘子(Robust Lagrange multiplier)检验来选择 SEM 模型和 SAR 模型,并根据 Hausman 检验进行固定效应和随机效应的选择。在模型计算前,基于本书第三章的研究,为了缩小绝对数值,对所有变量进行对数处理。计量模型设定如下:

$$\ln Y_{it} = \beta_0 + \beta_1 \ln MDL_{it} + \beta_2 \ln MRU_{it} + \beta_3 \ln MRI_{it} + \beta_4 \ln MCI_{it} + \beta_5 \ln DEL_{it} + \beta_6 \ln EPI_{it} + \mu_{it} \quad (6-7)$$

式中:Y_{it}——i 地区第 t 年的协调发展水平;

MDL、MRU、MRI、MCI——矿产资源开发测度指标;

DEL——经济发展指标;

EPI——环境治理指标。

(1)基于空间自回归面板数据模型的估计。空间自回归面板数据模型是在式(6-7)的基础上直接引入被解释变量的空间变量。可将式(6-7)化为具体的空间自回归面板数据模型进行估计:

$$\begin{cases} \ln Y_{it} = \rho \sum W \ln Y_{it} + \beta_0 + \beta_1 \ln MDL_{it} + \beta_2 \ln MRU_{it} + \beta_3 \ln MRI_{it} + \\ \quad \beta_4 \ln MCI_{it} + \beta_5 \ln DEL_{it} + \beta_6 \ln EPI_{it} + \mu_{it} \\ \mu_{it} \sim N(0, \sigma_{it}^2) \end{cases} \quad (6-8)$$

式中:ρ——空间变量系数,表征空间溢出效应的程度;

$\sum W \ln Y_{it}$——空间变量,表示 i 地区的周围地区协调发展水平的整体状况;

W——空间权重矩阵。

式(6-9)的设定原则同式(6-2)~式(6-4)。

(2)基于空间误差面板数据模型的估计。将式(6-7)化为具体的空间误差面板数据模型进行估计:

$$\ln Y_{it} = \beta_0 + \beta_1 \ln MDL_{it} + \beta_2 \ln MRU_{it} + \beta_3 \ln MRI_{it} + \beta_4 \ln MCI_{it} + \beta_5 \ln DEL_{it} + \beta_6 \ln EPI_{it} + \mu_{it} \quad (6-9)$$

扰动项 μ_{it} 的生成过程:

$$\begin{cases} \mu_{it} = \lambda \sum W \varepsilon_{it} \\ \varepsilon_{it} \sim N(0, \sigma_{it}^2) \end{cases} \quad (6-10)$$

式中:λ——回归残差之间空间相关性强度;

W——空间权重矩阵。

6.2.2 数据来源与处理

本书选取长江经济带9个省2个市作为研究对象,所选的数据主要来源《中国统计年鉴》(2006—2017)、《中国环境年鉴》(2006—2017)、《中国矿业年鉴》(2006—2015)、《中国国土资源年鉴》(2016—2017)及各省市2016—2020年的矿产资源总体规划。面板数据的估计运用STATA 15软件计算,并参考陈强(2015)的研究方法完成。

参考相关文献,对式(6-7)中的变量进行如下说明:

(1)矿产资源产量水平(mineral development level,MDL)。本书选择用2006—2017年长江经济带各省市年矿产量表示。

(2)矿产资源利用水平(mineral resources utilization,MRU)。本书选择用2006—2017年长江经济带各省市单位收入的矿产资源能耗表示,即

$$单位收入的矿产资源能耗 = 矿石产量/矿产资源销售收入$$

(3)矿产资源收益水平(mineral resources income,MRI)。本书选择用2006—2017年长江经济带各省市矿产资源销售收入/工业总产值表示。

(4)矿业企业集约水平(mining companies intensive,MCI)。本书选择用2006—2017年长江经济带各省市大型矿业企业数/矿业企业数来表示。

(5)同时,为了模型的有效性,本书加入两个控制变量,即经济发展水平(economic development levet,DEL)和环保治理水平(environmental performance index,EPI)。经济发展水平运用前文的2006—2017年长江经济带各省市经济发展综合评价值表示。考虑到前文中环境管理水平中的污染指标均为各省市工业污染指标,同时由于各省市的地域差异而无法有效衡量环境禀赋,因此,环保治理水平仅考虑环境污染治理因素,并用2006—2017年长江经济带各省市环境污染治理投资表示。

6.2.3 空间溢出效应结果分析

首先,不论空间因素的影响如何,我们仍需要考虑经典测量模型用于实证检验矿产资源综合因素对协调发展水平的影响,用以区别与空间计量模型结果的差别。表6-4列出了样本数据的描述性统计。

表 6-4 样本数据的描述性统计

变量	样本数/个	均值	标准差	最大值	最小值
lnMDL	132	9.671 777	1.483 748	11.149 23	4.067 316
lnMRU	132	−2.032 33	0.330 004	−1.245 08	−3.253 73
lnMRI	132	−1.569 55	0.642 58	−0.460 97	−3.564 5
lnMCI	132	−3.836 71	1.381 606	−0.619 54	−6.528 52
lnDEL	132	−0.655 04	0.402 059	−0.085 76	−1.765 29
lnEPI	132	4.980 243	0.881 183	6.859 09	2.646 175

分别采用混合估计、固定效应和随机效应估计方法进行回归,表 6-5 报告了 3 个模型的回归结果。OLS 估计、固定效应估计、随机效应估计的 R^2 均较高,分别为 0.989 8、0.893 6、0.988 2,OLS 估计和固定效应估计的 F 值及随机效应估计 Wald 值均通过了 1% 的显著性水平检验。另外,从变量的回归系数来看,除了随机效应估计下的集约水平 lnMCI,3 个模型的大部分的回归系数均通过 1% 的显著性水平检验。在 3 种模型中,lnMDL 的回归系数均为负,lnMRU、lnMRI、lnMCI 均为正,这表明矿产资源的产量水平的降低、矿产资源利用水平、矿产资源收益水平、矿业企业集约水平的增加对协调发展水平具有明显的推动作用。另外,经济发展水平与环境治理水平对协调发展水平具有直接的、较强的正向影响。

表 6-5 经典计量模型回归结果

模型与变量	OLS	固定效应	随机效应
lnMDL	−0.018 3***	−0.100 5***	−0.058 1***
	(−3.44)	(−5.54)	(−3.55)
lnMRU	0.113 4***	0.089 5***	0.087 1***
	(5.78)	(5.63)	(4.96)
lnMRI	0.141 4***	0.127 5***	0.128 1***
	(5.31)	(7.91)	(7.4)
lnMCI	−0.018 3***	0.019 8***	0.000 5
	(−3.54)	(3.04)	(0.1)

续表 6-5

模型与变量	OLS	固定效应	随机效应
lnDEL	0.556 8*** (22.46)	0.634 6*** (22.09)	0.548 5*** (44.18)
lnEPI	0.095 8*** (4.95)	0.069 2*** (4.93)	0.076 6*** (6.13)
Cons.	1.100 4*** (3.34)	1.641 8*** (6.26)	0.947 8*** (3.75)
R^2 值	0.989 8	0.893 6	0.988 2
F 值	2 895.03 (0.000)	161 (0.000)	—
Wald 值	—	—	4626 (0.000)

注：*、**、*** 分别表示 10%、5%、1% 的显著性水平；括号内为显著性水平下的 t 值或 z 值；后同。

表 6-6 和表 6-7 列出了 SAR 模型和 SEM 模型的结果。通过估计 2006—2017 年长江经济带样本多为要素协同作用模型的 3 种权重矩阵，我们可以发现，在 SAR 模型中，在 W0~1 权重下固定效应和随机效应的 ρ 值和在 WGEO 权重下固定效应的 ρ 值均不显著。因此，在 W0~1 权重和 WGEO 权重下应选择 SEM 模型进行分析。在 WGDP 权重下，SAR 模型和 SEM 模型均通过了显著性水平检验，需进一步通过 LM 检验来选择模型。

表 6-6 3 种权重下的空间自回归模型结果

模型与变量	W0~1 权重		WGEO 权重		WGDP 权重	
	固定效应	随机效应	固定效应	随机效应	固定效应	随机效应
lnMDL	−0.095 9*** (−5.43)	−0.696 1*** (−4.13)	−0.111 2*** (−6.19)	−0.085 2*** (−5.06)	−0.113 7*** (−6.71)	−0.086 9*** (−5.17)
lnMRU	0.085 0*** (5.44)	0.089 1*** (5.27)	0.102 6*** (6.14)	0.109 0*** (6.24)	0.112 4*** (6.86)	0.111 0*** (6.57)

续表 6-6

模型与变量	W0~1 权重		WGEO 权重		WGDP 权重	
	固定效应	随机效应	固定效应	随机效应	固定效应	随机效应
lnMRI	0.122 6*** (7.65)	0.133 1*** (7.64)	0.141 9*** (8.22)	0.156 1*** (8.56)	0.149 2*** (9.12)	0.151 5*** (9.13)
lnMCI	0.020 1*** (3.31)	0.018 1*** (2.71)	0.019 2*** (3.19)	0.017 2*** (2.67)	0.018 8*** (3.20)	0.018 3*** (3.00)
lnDEL	0.639 0*** (23.50)	0.557 0*** (28.36)	0.633 1*** (23.87)	0.571 2*** (32.97)	0.637 2*** (24.65)	0.573 7*** (28.57)
lnEPI	0.061 0*** (5.89)	0.069 6*** (6.13)	0.063 7*** (6.24)	0.072 0*** (6.51)	0.067 7*** (6.71)	0.073 6*** (6.89)
Cons.	—	1.220 8*** 4.41	—	1.724 2*** 5.51	—	1.758 6*** 5.75
R^2 值	0.895 3	0.983 9	0.892 5	0.986 2	0.890 8	0.984 2
ρ 值	−0.042 1 (−0.88)	0.02 (0.47)	0.131 9 (1.64)	0.199 0*** (2.89)	0.273 7*** (2.86)	0.267 9*** (3.26)
Log-likelihood	273.33	242.33	274.26	246.01	276.69	247.51

通过拉格朗日乘子检验和稳态拉格朗日乘子检验可以对在 WGDP 权重下的 SAR 模型和 SEM 模型进行选择。如果 LM-error 统计量显著而 LM-lag 统计量不显著,则选择 SEM 模型;如果 LM-error 统计量不显著而 LM-lag 统计量显著,则选择 SAR 模型;如果 LM-error 统计量和 LM-lag 统计量都显著,则需要进行稳态拉格朗日乘子检验,检验标准与 LM 检验相同。WGDP 权重下的 LM 检验结果见表 6-8。通过观察可以发现,在 WGDP 权重下应选择 SAR 模型。

空间滞后模型又分为随机效应和固定效应两种形式,表 6-9 列出了模型的 Hausman 检验结果。通过 Hausman 检验发现,WGEO 权重下的检验统计量等于 0,接受"随机效应"的原假设;WGDP 权重下的检验统计量大于 0,故拒绝"随机效应"的原假设。因此,在 W0~1 权重下选择 SEM 模型的固定效应分析,在 WGEO 权重下选择 SEM 模型的随机效应分析,在 WGDP 权重下选择 SAR 模型的固定效应分析。

第6章 长江经济带矿产资源开发与经济环境协调发展的空间溢出效应

从表6-6和表6-7可以发现,在3种空间权重下,协调发展水平呈空间溢出效应。在W0~1权重的SEM模型中,$\lambda>0$,周围地区的协调水平每增加1%就会引起该地区的协调水平上升0.19%;在WGEO权重的SEM模型中,$\lambda>0$,周围地区的协调水平每增加1%就会引起该地区的协调水平上升0.32%;在WGDP权重的SAR模型中,$\rho>0$,周围地区的协调水平每增加1%就会引起该地区的协调水平上升0.27%。从权重的角度来看,WGEO权重>WGDP权重>W0~1权重。这说明长江经济带在地理距离权重下空间溢出效应最为明显,区域内的地理位置因素在长江经济带起到决定性作用。

表6-7 3种权重下的空间误差模型结果

模型与变量	W0~1权重		WGEO权重		WGDP权重	
	固定效应	随机效应	固定效应	随机效应	固定效应	随机效应
lnMDL	-0.1103*** (-6.11)	-0.0743*** (-4.2)	-0.1131*** (-6.06)	-0.0797*** (-4.36)	-0.1097*** (-6.00)	-0.0773*** (-4.36)
lnMRU	0.1006*** (6.03)	0.0922*** (5.42)	0.1028*** (5.96)	0.0966*** (5.33)	0.1013*** (6.12)	0.0956*** (5.47)
lnMRI	0.1369*** (8.66)	0.1369*** (8.1)	0.1401*** (8.59)	0.1434*** (8.14)	0.1389*** (8.53)	0.1412*** (8.14)
lnMCI	0.0222*** (6.54)	0.0196*** (2.87)	0.0250*** (3.91)	0.0214*** (3.08)	0.0239*** (3.80)	0.0206*** (3.02)
lnDEL	0.6423*** (23.36)	0.5623*** (25.5)	0.6308*** (24.16)	0.5626*** (27.14)	0.6246*** (23.64)	0.5591*** (27.85)
lnEPI	0.0666*** (6.59)	0.0713*** (6.47)	0.0674*** (2.55)	0.0721*** (6.79)	0.0683*** (6.76)	0.0729*** (6.85)
Cons.	—	1.2797*** 4.59	—	1.3793*** 4.66	—	1.3310*** 4.64
R^2值	0.8931	0.9829	0.8923	0.9824	0.8927	0.9828
λ值	0.1961* (1.74)	0.1352 (1.2)	0.3294** (2.55)	0.3217** (2.37)	0.3000** (2.43)	0.3334*** (2.65)
Log-likelihood	274.37	242.92	275.73	244.79	275.5	245.32

表 6-8 WGDP 权重下的 LM 检验结果

空间权重矩阵	LM - lag	LM - lag robust	LM - error	LM - error robust
WGDP	4.411 (0.036)	5.408 (0.02)	1.737 (0.188)	2.855 (0.091)

表 6-9 模型的 Hausman 检验结果

空间权重矩阵	模型	chi - sq	Prob.＞chi2	Fe/Re
WGEO	SEM	1.94	0.000 0	Re
WGDP	SAR	6.24	0.397 0	Fe

从矿产资源产量水平来看，在 3 种空间权重下，矿产资源产量水平对协调发展水平呈现负空间溢出效应，其中在经济空间权重下的影响最为明显，矿产资源产量水平每下降 1% 会导致该地区的协调发展水平上升 0.11%。这在一定程度上反映出了长江经济带的矿产资源开发现状，矿产资源的产量水平在空间溢出效应中回流效应大于扩散效应，导致了一个地区的协调发展水平是以另一个地区的"牺牲"为代价，部分省份为追求经济效益而不断攫取矿产资源会影响协调发展水平。该指标直接反映了地区的矿业产业结构，说明忽略环境因素而进行矿产资源的开发已经不再适应当下的经济发展，"绿色发展"的模式才是现阶段最合理的模式。

从矿产资源利用水平来看，在 3 种空间权重下，矿产资源利用水平对协调发展水平呈现空间溢出效应，其中在经济空间权重下的影响最为明显，矿产资源利用水平每增长 1% 会促进该地区的协调发展水平上升 0.11%。随着经济持续发展和工业化、城镇化步伐加快，矿产品需求大幅增长，国内供给紧张，对外依存度不断提高，矿产资源开发与利用的形势严峻。早在 2006 年，国务院在《关于矿产资源合理利用、保护和管理工作的报告》中明确指出，中国矿产资源综合利用率只有 30% 左右，在资源开采环节，矿山企业"小、散、乱"，矿产资源回收率较低成为了制约矿产资源开发的主要矛盾之一。经济的快速转型要求矿产资源利用方式从以规模速度为主的粗放型增长转向以质量效益为主的集约型增长。自然资源部于 2019 年初发布《煤层气、油页岩、银、锆、硅灰石、硅藻土和盐矿等矿产资源合理开发利用"三率"最低指标要求（试行）》的公告，促进了矿山企业节约与综合利用矿产资源。因此，协调长江经济带的发展水平同样需要各省市继续加强矿产资源利用水平，引导矿山企业自觉节约利用各种资源,进一步优化矿山"三率",提高矿产资源利用效率,减少资源消耗,从而推动长江经济带矿产资源节约与综合利用水平的提高。

从矿产资源收益水平来看,在3种空间权重下,矿产资源收益水平对协调发展水平呈现空间溢出效应,其中在经济空间权重下的影响最为明显,矿产资源收益水平每增长1%会促进该地区的协调发展水平上升0.14%。矿业及矿产品加工业在各省经济中占据举足轻重的地位,长江经济带的矿业产值持续增长,开采的种类和数量不断增加,矿业经济已具备一定的规模。相关资料显示,仅2008—2011年,长江经济带11个省市新增铁、铜、铅、锌、钒、钨、磷矿、天然气、煤等矿产地436处,钨矿、磷矿、萤石、煤和水泥用灰岩的新增查明资源量分别达到123万t、1.3亿t、1.18亿t、45亿t和43.2亿t。截至2016年,在全国已探明的148种矿产资源中,长江经济带沿线各省市已找到120多种,其中已探明储量可供开采利用的有99种,在38种常规矿产中,储量占全国总储量20%~60%的共有29种。磷、萤石、铜、钨、锡、锑等战略性矿产的产量占全国的比例均超过60%,其中磷矿产量占比更是高达96.88%。《全国矿产资源规划(2016—2020年)》《关于加强长江经济带工业绿色发展的指导意见》等文件的出台说明了矿业发展的主要问题逐渐从生产力转向矿产资源开发与生态环境保护协调上,各行政主体对于环境保护的重视程度逐渐提高。因此,如何落实节约资源,保护环境,促进矿产资源开发利用与经济社会持续健康发展,成为了政府的重要议题。

从矿业企业集约水平来看,在3种空间权重下,矿业企业集约水平对协调发展水平呈现空间溢出效应,其中矿产资源集约水平在0~1空间权重下的影响最为明显,矿产资源集约水平每增长1%会促进该地区的协调发展水平上升0.02%。随着工业化、城市化进程加快,矿产资源开发对生态空间的需求量不断增大,部分采矿权设置不合理,尤其是许多对于矿产资源依存度较高的地区仅注重矿产资源开发带来的经济效益,而忽略了矿产资源开发导致的生态空间占用问题。国土空间用途管制制度的最终目的是实现经济高质量发展。因此,在国土空间开发中,规定土地用途,明确开发利用条件,严格控制矿产资源集约开发,优化矿业产业布局,减少违规开采与扩大集约开采同样是协调发展的重要目标。

从经济发展水平和环境保护水平来看,在3种空间权重下,经济发展水平和环境保护水平对协调发展水平呈现空间溢出效应,其中,经济发展水平在0~1空间权重下的影响最为明显,经济发展水平每增加1%会导致该地区的协调发展水平上升0.64%;环境保护水平在地理距离权重下的影响最为明显,环境保护水平每增加1%会导致该地区的协调发展水平上升0.07%。环境库兹涅茨曲线强调在一国经济发展的早期阶段人均收入的增加,往往伴随着污染水平的不断上升;当经济发展到较高水平、收入达到某一特定值之后,进一步的收入增长将带来环境质量的改善或污染水平的降低,即大多数污染物的变动趋势与人均收入的变动趋势呈倒"U"形关系。这说明长江经济带的整体经济发展水平和环境保护水平呈良好的增长态势,各省市的经济发展水平和环境保护水平能够带动周围地区的经济发展。然而,环境保护水平的空间溢出效应并不高,还需要通过相应的宏观政策促进水平提高。

综上所述,矿产资源开发与协调发展的变动十分相关,SAR 模型和 SEM 模型中的 R^2 值较高,各个变量均通过了 1% 显著性水平检验,说明模型对于现实数据的拟合程度较好,具有实际意义。通过以上图表可以发现,2006—2017 年长江经济带各省市的空间溢出效应一直不断变化,但总体一直处于缓慢下降的状态,主要原因是矿产资源开发正处于劳动密集型向技术创新密集型转型阶段,同时国家出台一系列环保政策,推进矿业高污染向低污染逐步转移,矿产资源消耗量也在逐步降低。

第7章 长江经济带矿产资源开发环境保护的政策优先级

环境政策如何引导区域生态文明建设水平提高一直以来是一个热点问题(王昭,2019)。大量学者从能源系统(Pfenninger et al.,2015)、成本-效益(梁辉等,2019)、环境影响(李虹等,2017)、生产效率(龙小宁等,2017)、政策强度(董颖等,2013)等角度,通过计量模型、评价指标体系等方式研究环境政策,并提出如加大环境污染监管力度(Alvarez et al.,2016)、提高污染排放定额标准(涂正革等,2015)、强化公众参与的监督管理意识(周冯琦等,2016)、加快建立生态空间管理体系(沈明等,2016)等建议。然而,不同区域不可能使用完全相同的环境政策来促进产业、经济、环境的协调发展;同时,不同时代背景下的环境问题和环境库兹涅茨曲线一样具有阶段性特征。这表明环境政策也具有时效性,当环境污染和恢复治理的条件转变时,部分甚至全部的环境政策会失效(林伯强等,2014)。因此,评估当前矿产资源开发环境政策的时效性尤为重要,在"共抓大保护,不搞大开发"方针下,优先采用何种政策推动矿业绿色发展是一个重大科学命题。

近年来,SWOT分析和MCDM(multi-criteria decision making,多准则决策)相结合的创新方法在资源环境科学领域中受到广泛应用,通过该方法评估政策的优先级能够为国家或区域战略发展和决策提供重要依据。如Khan等(2018)分析了开发天然气市场是伊朗经济增长最优政策;Polat等(2017)认为不断更新实际土地信息是加强土地资源管理的最有效手段;Grošelj等(2015)认为有效利用自然资源发展生态旅游是斯洛文尼亚山区可持续发展的首要目标;Enamul等(2019)分析得出孟加拉国的跨境电力贸易关键战略是与其他国家共同开发并签署电力贸易协议;Shahba等(2017)认为加强污染源管控、分析尾矿库中的有害元素和利用废弃物循环是伊朗矿山环境治理优先级最高的政策。

综上所述,有关长江经济带矿产资源开发环境保护政策的研究与分析已屡见不鲜,然而,对其展开优先级分析的研究并不多见;同时,据我们所知,目前还没有通过SWOT分析与MCDM结合方法对长江经济带矿产资源开发环境保护政策进行分析的研究。因此,本章的目标是确定长江经济带矿产资源开发环境保护政策的优先级,从一直努力制定和已有效实施的政策出发,通过 SWOT 分析探索实施长江经济带矿产资源开发生态环境保护政策优势、劣势、机会和威胁因素,并拟定了 10 种替代方案,再根据 AHP 法确定权重,最后应用模糊 TOPSIS 法进行政策优先级的排序,为短期内重塑矿产资源开发利用布局,提高矿产资源的保障能力与现代化治理能力,以及中长期构建矿产资源开发与生态环境协调发展,并达到建成区域高质量发展的黄金经济带的目标奠定基础。

7.1 矿产资源开发环境保护政策法规

伴随着矿产资源的大规模持续开发利用,生态环境保护政策越来越受到重视(吴巧生等,2019)。表 7-1 列明了自 1973 年以来我国主要的矿产资源开发与生态环境保护政策及其内容。面对资源约束趋紧、环境污染严重、生态系统退化的严峻形势,自 2012 年党的"十八大"召开以来,党和国家对长江流域环境问题予以高度重视。2016 年 1 月,习近平总书记在重庆召开推动长江经济带发展座谈会时强调"当前和今后相当长一个时期,要把修复长江生态环境摆在压倒性位置,共抓大保护,不搞大开发"。2016 年 3 月,《国民经济和社会发展第十三个五年规划纲要》指出,要坚持生态优先、绿色发展的战略定位,把修复长江生态环境放在首要位置,推动长江上中下游协同发展、东中西部互动合作,把长江经济带建设成为我国生态文明建设的先行示范带、创新驱动带、协调发展带。至此,长江经济带包括矿产资源开发在内的一切经济活动,均要以"生态优先"为首要的原则,共抓大保护,不搞大开发。2018 年 4 月,习近平总书记在武汉召开的深入推动长江经济带发展座谈会上强调,要正确把握生态环境保护和经济发展的关系,探索协同推进生态优先和绿色发展新路子,坚持新发展理念,坚持共抓大保护、不搞大开发,加强改革创新、战略统筹、规划引导,以长江经济带发展推动经济高质量发展。相关政策与规划方案均对长江经济带矿产资源开发生态环境保护与修复提出了明确要求,"共抓大保护,不搞大开发"已成为新时期推动长江经济带矿业发展的新要求和总方针。

第7章 长江经济带矿产资源开发环境保护的政策优先级

表7-1 矿产资源开发与环境保护政策及其主要内容

时间	政策及其主要内容
1973年	第一次全国环境保护会议讨论通过的《关于保护和改善环境的若干规定》提出"自然资源开发应考虑其对气象、水土资源、水土保持等自然环境的影响",随后出台了《关于保护和改善环境的若干规定》《环境保护法》等相关政策
1989年	《环境保护法》第十九条指出,开发利用自然资源,必须采取措施保护生态环境
1998年	国家环境保护局被升格为国家环境保护总局,并发布《全国生态环境建设规划》《全国生态环境保护纲要》《关于加强资源开发生态环境保护与监管工作的意见》等
2000年	首次提出了"绿色矿业"概念,即在矿山环境扰动量小于区域环境容量的前提下,实现矿产资源开发最优化和生态环境影响最小化
2001年	《全国矿产资源规划(2001—2010年)》中提出要"坚持在保护中开发,在开发中保护的方针,开源与节流并举,开发与保护并重,把节约放在首位"
2005—2009年	《国务院关于全面整顿和规范矿产资源开发秩序的通知》《关于逐步建立矿山环境治理和生态恢复责任机制的指导意见》《关于开展生态补偿试点工作的指导意见》《矿山地质环境保护规定》《全国矿产资源规划(2008—2015年)》等提出要解决矿山布局不合理、经营粗放、浪费资源、破坏环境、安全生产事故频发等问题
2010—2015年	《生态文明体制改革总体方案》《环境保护法(修订)》《"十一五"生态环境保护规划》《关于加快绿色矿山建设的实施意见》《土地复垦条例》等提出要着力推进绿色发展、循环发展、低碳发展,形成节约资源和保护环境的空间格局、产业结构
2016年至今	《国民经济和社会发展第十三个五年规划纲要》《长江经济带生态环境保护规划》《长江经济带发展规划纲要》《关于健全生态保护补偿机制的意见》《生态环境损害赔偿制度改革方案》《关于加强矿山地质环境恢复和综合治理的指导意见》《自然保护区内矿业权清理工作方案》《关于取消矿山地质环境治理恢复保证金建立矿山地质环境治理恢复基金的指导意见》等提出要探索推进生态优先和绿色发展新路子,推动经济高质量发展

7.2 政策优先度模拟方法

7.2.1 SWOT分析方法

SWOT分析是一种较常见的战略分析方法,字母S、W、O、T分别代表strengths(优势)、weaknesses(劣势)、opportunities(机会)、threats(威胁),常通过综合评估分析对象的优势、劣势、机会和威胁来建立矩阵得出结论。SWOT矩阵由一个二维坐标表组成,是决策人员比较内部和外部信息并提供可能替代方案的重要工具之一(Chen et al.,2014)。但是,SWOT分析方法无法对要素进行定量评估(Vassoney et al.,2017),也无法客观地比较因素之间的优先性。因而,将SWOT分析方法与MCDM方法相结合能有效解决SWOT分析无法有效量化的问题,同时有利于提高政策分析和战略决策的准确性(Sara et al.,2017)。因此,通过AHP法可以获得每个SWOT因素的权重。一般SWOT分析有两个关键阶段:①建立SWOT矩阵;②利用SWOT矩阵形成方案。SWOT矩阵的建立也分为两个方面:①列出内部因素,即优势和劣势;②列出外部因素,即机会和威胁。

7.2.2 层次分析法

多准则决策(MCDM)是分析决策理论的重要内容之一。常见的MCDM方法包括网络分析法(analytic network process,ANP)、层次分析法(analytic hierarchy process,AHP)、消去与选择转换法(ELECTREE,elimination and choice translating reality)、偏好顺序结构评价法(PROMETHEE,preference ranking organization method for enrichment of evaluations)、WASPAS法(weighted aggregated sum-product assessment)、加法比率评估法(ARAS,additive ratio assessment)、VIKOR法和TOPSIS法(Solangi et al.,2019),这些方法用于评估水电规划、能源管理与环境评估等复杂系统决策问题十分贴切(Bas,2013),如Kaya等(2010)通过集成的VIKOR-AHP方法确定了优先开发风能是伊斯坦布尔进行可再生能源开发的最佳选择。

层次分析法是多准则决策方法的一种,是最适合用于自然资源规划、环境评价等研究的方法之一(Ren et al.,2017)。这种方法所需定量数据信息较少,同时简洁实用,是一种较常见的确定权重的方法。AHP 法一般分为两个部分,首先构建决策模型的层次结构矩阵,其中决策目标和问题以层次顺序相互关联,通过专家打分法可构造矩阵;其次建立成对比较矩阵模型,采用 1~9 标度方法(Ervural et al.,2018),如表 7-2 所示。

表 7-2 1~9 标度含义及取值

因素 i 对比因素 j	取值	倒数
同等重要	1	1
稍微重要	3	1/3
明显重要	5	1/5
强烈重要	7	1/7
极度重要	9	1/9
两个因素的判断中间值	2、4、6、8	1/2、1/4、1/6、1/8

由于专家打分的主观性容易导致构造的判断矩阵误差过大,故需要对判断矩阵进行一致性检验,首先根据判断矩阵的最大特征值计算一致性指标 CI。

$$CI = \frac{\lambda_{max} - n}{n - 1} \tag{7-1}$$

式中:λ_{max}——判断矩阵最大特征值;

n——矩阵的维数。

再计算一致性比例 CR。

$$CR = \frac{CI}{RI} \tag{7-2}$$

式中:RI——随机一致性指标,取值见表 7-3。

表 7-3 随机一致性指标(RI)

n	1	2	3	4	5	6	7	8	9	10	11	12	13
RI	0	0	0.52	0.89	1.12	1.26	1.36	1.41	1.46	1.49	1.52	1.54	1.56

通常 CR<0.1 时,判断矩阵的一致性检验通过。使用 YAAHP 软件(版本 10.5)来确定 AHP 法的权重。

AHP 法可确定矿产资源开发环境保护战略问题中存在的多准则结构权重,因为它可以更充分地考虑 SWOT 矩阵因素之间的相互关系。随后,基于模糊 TOPSIS 法确定矿产资源开发环境政策的优先级并进行排名,模糊 TOPSIS 法属于 MCDM 的一种,相较于经典的 TOPSIS 法,首先要确定模糊集再进行排序,模糊 TOPSIS 法可以更有效地应对相关决策过程中存在的不确定性(张芳兰等,2014)。

7.2.3 模糊 TOPSIS 法

1. 模糊集理论

模糊集理论是由 Zadeh 于 1965 年提出的(Wu et al.,2018)。这种方法通过设定一个模糊集合,建立适当的隶属函数,并运算解释研究对象的模糊现象。由于环境政策之间的关系存在亦此亦彼的模糊现象,因此模糊集方法十分实用。模糊集的基本定义如下。

设 X 为一个集合,其元素为 x,表示为 $X=\{x\}$,那么模糊集合可以表示为:

$$\begin{cases} A=\{x,\mu_A(x)\,|\,x\in X\} \\ X\to[0,1] \\ \mu_A(x)\in[0,1] \end{cases} \quad (7-3)$$

式中:$\mu_A(x)$——隶属度;

X——模糊集 A 的隶属函数。

由于三角模糊数的概念与计算简单,在实际中被广泛应用,因此选择用三角模糊数进行模糊定义。一般的三角模糊数可以表示为:

$$\widetilde{X}=(x_1,x_2,x_3) \quad \text{其中}, x_1,x_2,x_3\in\varphi(x_1\leqslant x_2\leqslant x_3)$$

那么,其隶属函数可以表示为:

$$\mu\widetilde{X}(x)=\begin{cases} \dfrac{x-x_1}{x_2-x_1} & (x_1\leqslant x\leqslant x_2) \\ \dfrac{x_3-x}{x_3-x_2} & (x_2\leqslant x\leqslant x_3) \end{cases} \quad (7-4)$$

三角模糊数还能用来定义语言变量,这对于评价政策方案非常有效(Zare et al.,2015)。表 7-4 为语言变量和三角模糊数的评级表。

第7章 长江经济带矿产资源开发环境保护的政策优先级

表 7-4 语言变量和三角模糊数评级

语言变量	三角模糊数评级
很差	(1,1,3)
差	(1,3,5)
中等	(3,5,7)
好	(5,7,9)
很好	(7,9,9)

2. 模糊 TOPSIS 法

模糊 TOPSIS 法为处理模糊环境下的不确定性、不可测量的和不完整的信息等问题提供了一种重要途径,计算方法如下。

(1)设 $X=(x_1,x_2,x_3)$ 和 $Y=(y_1,y_2,y_3)$ 为两个模糊数,则它们之间的数学关系为:

$$X+Y=(x_1,x_2,x_3)+(y_1,y_2,y_3)=(x_1+y_1,x_2+y_2,x_3+y_3) \tag{7-5}$$

$$X \times Y=(x_1,x_2,x_3) \times (y_1,y_2,y_3)=(x_1 y_1, x_2 y_2, x_3 y_3) \tag{7-6}$$

(2)再设 $X_i=(x_{i1},x_{i2},x_{i3})$ 为三角模糊数,标准化后的决策矩阵可以表示为:

$$\begin{cases} \boldsymbol{R}=[r_{ij}]_{m \times n} \\ i=1,2,3,\cdots,m \\ j=1,2,3,\cdots,n \end{cases} \tag{7-7}$$

正向指标和逆向指标分别为:

$$\boldsymbol{r}_{ij}=\begin{cases} \left(\dfrac{x_{1ij}}{x_{3j}^*},\dfrac{x_{2ij}}{x_{3j}^*},\dfrac{x_{3ij}}{x_{3j}^*}\right) & (正向) \\ \left(\dfrac{x_{1j}^-}{x_{3ij}},\dfrac{x_{1j}^-}{x_{2ij}},\dfrac{x_{1j}^-}{x_{1ij}}\right) & (逆向) \end{cases} \tag{7-8}$$

(3)再获得每个子要素的模糊加权决策矩阵:

$$\begin{cases} \boldsymbol{V}=[v_{ij}]_{m \times n} \\ v_{ij}=\boldsymbol{r}_{ij} \times \boldsymbol{w}_j \\ i=1,2,3,\cdots,m \\ j=1,2,3,\cdots,n \end{cases} \tag{7-9}$$

(4)计算模糊最优理想解距离 d_i^+ 和最劣理想解距离 d_i^-:

$$\begin{cases} d_i^+ = (v_1^+, v_2^+, v_3^+, \cdots, v_n^+) \\ V_j^+ = (1,1,1) \\ j = 1,2,3,\cdots,n \end{cases} \quad (7-10)$$

$$\begin{cases} d_i^- = (v_1^-, v_2^-, v_3^-, \cdots, v_n^-) \\ V_j^- = (0,0,0) \\ j = 1,2,3\cdots,n \end{cases} \quad (7-11)$$

两个三角模糊数 $X = (m_1, m_2, m_3)$ 和 $Y = (n_1, n_2, n_3)$ 之间的距离可以表示为:

$$d(X,Y) = \sqrt{\frac{1}{3}\left[(m_1 - n_1)^2 + (m_2 - n_2)^2 + (m_3 - n_3)^2\right]} \quad (7-12)$$

(5) 计算各个方案与理想解距离的接近程度:

$$C_i = \frac{d_i^-}{d_i^+ + d_i^-} \quad (7-13)$$

(6) 最后根据各个方案与理想解距离的接近程度进行排序。

7.3 政策优先级度模拟结果与评价

研究框架如图7-1所示,主要分为3个主要阶段来评估长江经济带矿产资源开发政策的预期目标。通过纳入当前矿产资源开发政策、环境问题和区域经济发展特征设计了框架,再通过SWOT矩阵分析关键因素及替代方案,并将AHP法得到的权重与模糊TOPSIS法结合得到最终排序,分析政策的优先性。

7.3.1 SWOT矩阵结果分析

笔者根据前文的资料并结合有关专家建议后明确可能会产生的影响因素及其子因素,将4个要素相结合,得到"优势-机会"(SO)、"优势-挑战"(ST)、"劣势-机会"(WO)和"劣势-威胁"(WT)4种不同替代政策,最终得出长江经济带矿产资源开发生态环境保护战略的SWOT分析矩阵。替代政策主要根据长江经济带各省市的矿产资源规划、矿产资源规划环境影响评价和《长江经

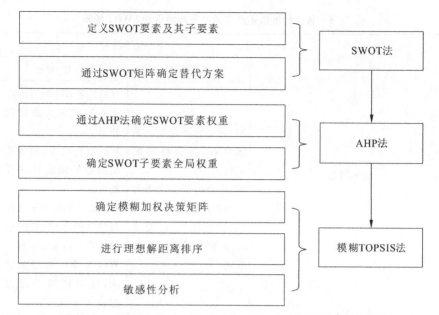

图 7-1 综合 SWOT-AHP 和模糊 TOPSIS 法的研究框架

济带发展报告(2016—2017)》及相关文献资料得出。表 7-5 列出了 SWOT 矩阵和从 SWOT 矩阵分析中获得的 10 种不同替代方案。各替代方案进一步详细说明如下。

1. SO1:加强自然资源资产管理

加强自然资源资产管理的目的是明确自然资源资产产权,实现国家对自然资源资产的控制,减少开发利用过程中的负面影响,实现市场化配置,提高资源利用效率,保障公平竞争,实现利益的合理分配。矿产资源是自然资源的一种,其所有权属于国家,并在我国《宪法》中明确规定。企业只能获得矿产资源的采矿权与探矿权,而矿产资源开发造成的环境污染与生态破坏属于外部经济行为,国家与企业必须对这种环境外部性给予相应支付或补偿。

2. SO2:优化开采清洁能源与新兴矿产资源

长江经济带战略性或新兴矿产资源优势明显。页岩气、地热等新型清洁能源开发利用前景好,锂、稀土、钒、钛、钨、锡等战略性矿产资源储量丰富,为打造清洁低碳能源产业带,助推战略性新兴产业发展奠定了良好基础,是支撑长江经济带高质量发展的有利条件。

表 7-5 长江经济带矿产资源开发环境保护 SWOT 矩阵

		内部因素	
		优势(S)	劣势(W)
影响因素		S1:长江经济带生态系统良好,生态修复能力强。 S2:丰富的清洁能源与新兴矿产资源。 S3:区位优势强,便于开展跨区域合作与联动	W1:矿业结构不合理,大中型矿山数量比例较低。 W2:地质灾害、地质环境问题导致治理难度加大。 W3:部分限制开采区在自然保护区内,矿产资源开发挤占生态空间。 W4:优势矿种超采量大,资源环境承载力超载
外部因素	机会(O)	O1:加快推动长江经济带绿色矿山建设。 O2:促进矿产资源开发利用与环保技术水平提高。 O3:保障矿业园区和矿业城市人居安全	SO1:加强自然资源资产管理。 SO2:优先开采清洁能源与新兴矿产资源
外部因素	机会(O)		WO1:保障生态红线内矿业权有序退出。 WO2:分矿种实行差异化的生态环境保护与修复。 WO3:加强重点矿区的风险管控
外部因素	威胁(T)	T1:本地经济发展对矿产资源开发依赖度较高。 T2:环境治理成本提高。 T3:废水、固体废弃物等污染排放量大	ST1:提高矿业产业集中度。 ST2:加强对高污染矿产资源开采的总量管理。 ST3:增加矿山环境恢复治理资金投入
外部因素	威胁(T)		WT1:严格落实生态环境损害赔偿制度。 WT2:建立市场化、多元化的矿产资源开发生态补偿制度

3. WO1:保障生态红线内矿业权有序退出

自然保护区内探矿权、采矿权退出有着重要的时代背景。在生态文明理念日益增强的新时代,严格限制自然保护区内的矿产资源开发,采取必要的经济手段推进矿业权退出,是确保生态功能不降低、面积不减少、性质不改变的客观要求。

4. WO2:分矿种实行差异化的生态环境保护与修复

针对不同类型的矿产资源开采活动采取差异化的管控措施是处理"三废"的主要路径之一。能源矿产资源开发要妥善处置能源矿产尾矿及废石、废渣堆放问题,金属矿产资源开发要加强矿区内重金属污染源头防控,非金属矿产资源开发要加强对开采过程中受影响被破坏土地的全面恢复治理。

5. WO3:加强重点矿区的风险管控

加强重点矿区的风险管控是构建集约、高效、协调的矿山开发新格局,实现科学发展、安全发展的需要。对于新建矿山应严格控制最低开采规模。产业调整、转型升级、资源整合等方式可解决已有矿山存在规模小、数量多、布局不合理、资源浪费严重、生态保护和安全生产压力大等突出问题。

6. ST1:提高矿业产业集中度

提高矿业产业集中度是加快打造世界级矿山企业,合理完成矿山总体布局的有效方式之一。其有效途径如下:通过新建扩建、兼并重组等途径鼓励和引导矿山企业规模化开采,提高大中型矿山企业比重,压缩矿山数量,并加大对小矿山改造整合力度。

7. ST2:加强对高污染矿产资源开采的总量管理

加强对高污染矿产资源开采的总量管理是有效实施主体功能区规划和生态保护要求的基础,应根据国家产业政策、经济社会发展及资源环境保护的要求或国家特殊需要等,受经济、技术、安全、环境等多种因素的制约,对高污染矿产资源开发利用活动实行一定的限制。

8. ST3:增加矿山环境恢复治理资金投入

矿山环境治理由于其复杂的生态和地质环境导致恢复治理资金长期紧缺。通过适当增加治理矿山地质环境的资金投入、建立矿山地质环境恢复治理基金、合理安排地方存量矿山地质环境治理恢复保证金、引导矿山企业增加矿山环境保护和治理投入,可以完成国有矿山在计划经济时期形成的或责任人已经灭失的、因矿山开采活动造成矿山地质环境破坏的恢复和治理。

9. WT1:严格落实生态环境损害赔偿制度

生态环境损害赔偿制度是生态文明制度体系的重要组成部分。其内容为:明确生态环境损害赔偿范围、责任主体、索赔主体、损害赔偿解决途径,按照流域统一管理要求,协商推进流域保护与治理,联合查处跨界违法行为,建立重大工程项目环评共商、环境污染应急联防机制,加快推进生态环境损害制度改革试点,继续完善长江经济带各省市矿产资源开发生态环境损害赔偿。

10. WT2:建立市场化、多元化的矿产资源开发生态补偿制度

建立市场化、多元化的矿产资源开发生态补偿制度是促进矿产资源开发与生态环境保护相协调的一项重要工作。其内容为:以生态环境质量改善为核心,将纵向补偿机制与横向补偿机制相结合,推动建立流域矿产资源生态补偿机制,充分调动流域上下游地区的积极性,加快形成"成本共担、效益共享、合作共治"的流域保护和治理长效机制。

7.3.2 AHP 法结果分析

笔者根据 AHP 法采取 1~9 标度的方式获取关于决策目标的 SWOT 因子和子因子的成对比较矩阵,并通过 YAAHP(版本 10.5)得出了各因子的权重值。相关研究表明,对于群体决策中各个优先级比较,无论采取几何均值和算术均值都是合适的。

就判断优先事项的意义而言,几何均值方法更可靠,因此,采用几何均值汇总最终的优先级矩阵,从而提供 SWOT 因子和子因子的权重。所有成对比较均在专家的意见和指导下完成。

表 7-6~表 7-10 显示了 SWOT 因子及其子因子的判断矩阵与权重值,每个矩阵都通过了 CR<0.1 的一致性检验。结果表明,劣势因子相比其他 3 个因子应该获得更高的关注度。其中,劣势因子的权重为 0.394 3,优势因子的权重为 0.223 4,机会因子的权重为 0.286 7,威胁因子的权重为 0.095 6。比较各个因子的子因子:在优势因子中,良好的生态系统(S1)、丰富的清洁能源与新兴矿产资源(S2)成为了长江经济带矿产资源开发环境保护的主要优势,权重值均为 0.428 6;在劣势因子中,资源环境承载力超载(W4)是当前需要面临的主要难题,权重值为 0.443 9;在机会因子中,加快推动长江经济带绿色矿山建设(O1)与保障矿业园区和矿业城市人居安全(O3)的机会要大于其他因子,权重值均为 0.428 6;在威胁因子中,废水、固体废弃物等污染排放量大(T3)相较而言是对长江经济带矿产资源开发环境保护亟需攻克的主要威胁之一,权重值为 0.658 6。

第7章 长江经济带矿产资源开发环境保护的政策优先级

表7-6 SWOT因子矩阵与权重

SWOT因子	S	W	O	T	权重
S	1	1/3	1	3	0.223 4
W		1	1	3	0.394 3
O			1	3	0.286 7
T				1	0.095 6

注:CR=0.057 9。

表7-7 优势因子矩阵与权重

优势(S)	S1	S2	S3	权重
S1	1	1	3	0.428 6
S2		1	3	0.428 6
S3			1	0.142 9

注:CR=0.000 0。

表7-8 劣势因子矩阵与权重

劣势(W)	W1	W2	W3	W4	权重
W1	1	3	1/3	1/5	0.136 8
W2		1	1/3	1/5	0.077 9
W3			1	1	0.341 4
W4				1	0.443 9

注:CR=0.070 2。

表7-9 机会因子矩阵与权重

机会(O)	O1	O2	O3	权重
O1	1	3	1	0.428 6
O2		1	1/3	0.142 9
O3			1	0.428 6

注:CR=0.000 0。

表 7-10 威胁因子矩阵与权重

威胁(T)	T1	T2	T3	权重
T1	1	1	1/3	0.185 2
T2		1	1/5	0.156 2
T3			1	0.658 6

注:CR=0.027 9。

表 7-11 对所有 13 个 SWOT 子因子进行全面分析,显示了 SWOT 所有子因子的全局权重。其结果表明,W4 在全部子因子中的权重最高,为 0.175 0,缓解长江经济带资源环境承载力尤为重要;其次为矿产资源开发挤占生态空间(W3),其权重为 0.134 6;全局权重值最低的为环境治理成本提高(T2),为 0.014 9。

表 7-11 SWOT 因子及其子因子的权重值

SWOT 因子	权重	子因子	局部权重	全局权重
S	0.223 4	S1	0.428 6	0.095 8
		S2	0.428 6	0.095 8
		S3	0.142 9	0.031 9
W	0.394 3	W1	0.136 8	0.054 0
		W2	0.077 9	0.030 7
		W3	0.341 4	0.134 6
		W4	0.443 9	0.175 0
O	0.286 7	O1	0.428 6	0.122 9
		O2	0.142 9	0.041 0
		O3	0.428 6	0.122 9
T	0.095 6	T1	0.185 2	0.017 7
		T2	0.156 2	0.014 9
		T3	0.658 6	0.062 9

7.3.3 模糊 TOPSIS 法结果分析

1. 模糊 TOPSIS 法的结果

通过 SWOT 分析,我们得到了长江经济带矿产资源开发生态环境保护战略的替代方案,并通过 AHP 法获得了 SWOT 因子及其子因子的权重,再通过专家建议与讨论的形式确定替代方案的决策矩阵。替代方案的决策矩阵根据专家匿名打分后加权平均得出,主要通过个体访问和集体座谈两种形式完成,对象主要为长江经济带各省市自然资源部门和生态环境部门专家及相关学者,共获得 10 份专家打分表。根据式(7-7)~式(7-10)构造标准化后的模糊加权决策矩阵,矩阵结果如表 7-12 和表 7-13 所示。

表 7-12 替代方案的评估矩阵

替代方案	SO1	SO2	WO1	WO2	WO3	ST1	ST2	ST3	WT1	WT2
S1	好	中	很好	中	好	差	中	差	好	好
S2	好	好	很差	中	差	中	好	很差	中	差
S3	差	很好	好	差	好	好	中	好	中	差
W1	中	很好	很好	差	好	很好	差	差	差	很差
W2	差	中	好	中	中	差	好	好	很好	好
W3	中	中	很好	差	中	好	好	好	很好	好
W4	好	好	很好	好	好	好	好	好	好	好
O1	好	中	很好	中	好	中	好	好	好	中
O2	很差	好	中	中	差	差	中	好	好	好
O3	差	好	好	差	很好	很差	好	中	好	中
T1	差	差	中	很差	差	好	好	好	很差	差
T2	差	好	中	中	中	好	好	好	好	好
T3	差	好	好	好	中	差	中	很好	很好	中

表7-13 标准化后的模糊加权决策矩阵

替代方案	SO1	SO2	WO1	WO2	WO3	ST1	ST2	ST3	WT1	WT2
S1	0.05,0.07,0.09	0.03,0.05,0.07	0.07,0.09,0.09	0.03,0.05,0.07	0.05,0.07,0.09	0.01,0.03,0.05	0.03,0.05,0.07	0.01,0.03,0.05	0.05,0.07,0.09	0.05,0.07,0.09
S2	0.05,0.07,0.09	0.05,0.07,0.09	0.01,0.01,0.03	0.03,0.05,0.07	0.01,0.03,0.05	0.03,0.05,0.07	0.05,0.07,0.09	0.01,0.01,0.03	0.03,0.05,0.07	0.01,0.03,0.05
S3	0,0.01,0.02	0.02,0.03,0.03	0.02,0.02,0.03	0,0.01,0.02	0.02,0.02,0.03	0,0.01,0.02	0.01,0.02,0.02	0,0.01,0.02	0,0.01,0.02	0.01,0.02,0.02
W1	0.01,0.02,0.03	0.03,0.04,0.04	0.03,0.04,0.04	0,0.01,0.02	0.02,0.03,0.04	0.03,0.04,0.04	0,0.01,0.02	0,0.01,0.02	0,0.01,0.02	0,0,0.01
W2	0,0,0.01	0.03,0.04,0.04	0.01,0.02,0.02	0.01,0.01,0.02	0.01,0.01,0.02	0,0.01,0.01	0.01,0.02,0.02	0.01,0.02,0.02	0.02,0.02,0.02	0.01,0.02,0.02
W3	0.03,0.06,0.8	0.03,0.06,0.08	0.08,0.1,0.1	0.01,0.03,0.06	0.03,0.06,0.08	0.06,0.08,0.1	0.06,0.08,0.1	0.06,0.08,0.1	0.08,0.1,0.1	0.06,0.08,0.1
W4	0.07,0.1,0.13	0.07,0.1,0.13	0.1,0.13,0.13	0.07,0.1,0.13	0.07,0.1,0.13	0.01,0.04,0.07	0.07,0.1,0.13	0.01,0.04,0.07	0.07,0.1,0.13	0.07,0.1,0.13
O1	0.07,0.1,0.13	0.04,0.07,0.1	0.1,0.13,0.13	0.04,0.07,0.1	0.07,0.1,0.13	0.04,0.07,0.1	0.07,0.1,0.13	0.07,0.1,0.13	0.07,0.1,0.13	0.04,0.07,0.1
O2	0,0,0.01	0.02,0.03,0.04	0.01,0.02,0.03	0.01,0.02,0.04	0.01,0.01,0.02	0,0.01,0.04	0.01,0.02,0.03	0,0.01,0.02	0,0.01,0.02	0.01,0.02,0.03
O3	0.01,0.04,0.07	0.07,0.1,0.13	0.01,0.04,0.07	0.01,0.04,0.07	0.1,0.13,0.13	0.01,0.01,0.04	0.07,0.1,0.13	0.04,0.07,0.1	0.07,0.1,0.13	0.04,0.07,0.1
T1	0,0.01,0.02	0,0,0.01	0,0.01,0.02	0,0,0.01	0,0.01,0.02	0.02,0.03,0.04	0,0,0.01	0,0.01,0.02	0,0,0.01	0,0.01,0.02
T2	0,0.01,0.02	0.02,0.02,0.03	0.01,0.02,0.02	0.01,0.01,0.02	0.01,0.02,0.02	0.01,0.02,0.03	0.02,0.02,0.03	0.02,0.02,0.03	0.02,0.02,0.03	0.02,0.02,0.03
T3	0.01,0.04,0.07	0.07,0.1,0.13	0.07,0.1,0.13	0.07,0.1,0.13	0.04,0.07,0.1	0.01,0.04,0.07	0.04,0.07,0.1	0.1,0.13,0.13	0.1,0.13,0.13	0.04,0.07,0.1

第 7 章 长江经济带矿产资源开发环境保护的政策优先级

表 7-14 获得了通过模糊 TOPSIS 法对 SWOT 因子 10 种替代方案的优先顺序。其结果表明,保障生态红线内矿业权有序退出(WO1)是 SWOT 矩阵分析得出的最佳方案,其得分为 0.061 8;其次为严格落实生态环境损害赔偿制度(WT1),得分为 0.057 2;优先开采清洁能源与新兴矿产资源(SO2)位列第三,得分为 0.055 3;加强对高污染矿产资源开采的总量管理(ST2)位列第四,得分为 0.055 2;第五为加强重点矿区的风险管控(WO3),得分为 0.053 6;第六为建立市场化、多元化的矿产资源开发生态补偿制度(WT2),得分为 0.049 0;加强自然资源资产管理(SO1)、分矿种实行差异化的生态环境保护与修复(WO2)、增加矿山环境恢复治理资金投入(ST3)、提高矿业产业集中度(ST1)排在第七、第八、第九和第十,得分分别为 0.047 3、0.042 6、0.042 2、0.038 2。所获得的替代方案及其结果均能支持未来的长江经济带矿产资源开发生态环境保护发展,旨在当前和今后相当长一个时期,要把修复长江生态环境摆在压倒性位置,"共抓大保护,不搞大开发",以持续的强劲动力来推动长江经济带的高质量发展。

表 7-14 模糊 TOPSIS 法得出的最终排名

替代方案	d_i^+	d_i^-	接近程度(C_i)	排名
SO1	12.42	0.62	0.047 3	7
SO2	12.30	0.72	0.055 3	3
WO1	12.21	0.80	0.061 8	1
WO2	12.48	0.56	0.042 6	8
WO3	12.33	0.70	0.053 6	5
ST1	12.54	0.50	0.038 2	10
ST2	12.31	0.72	0.055 2	4
ST3	12.48	0.55	0.042 2	9
WT1	12.28	0.75	0.057 2	2
WT2	12.39	0.64	0.049 0	6

2. 敏感性分析

为了确定 AHP 法所得出的评价指标权重是否会直接对替代方案的决策矩阵产生偏好影响,并导致结果产生人为因素的偏差,对替代方案进行敏感性分析。选择在 SWOT 子因子不变的情况下,通过侧重优势、劣势、机会、威胁的不同倾向偏好改变SWOT因子的权重再进行优先级排序,最终得到敏感性分析结果(表7-15、表7-16)。需特别说明的是,除表7-15中的10种不同权重方案外,我们还计算出了多种权重方案的结果(不考虑SWOT矩阵中权重为0的方案),结果表明除排在第四名~第八名的方案发生少许变化外,其余结果并未发生太大的变化。因此,本书借鉴Enamul等(2019)的研究成果,设置10种较为常见的权重方案进行敏感性分析,而不考虑特殊情况下的权重。表7-15显示了SWOT因子在10种不同实验方案下的权重。

表7-15 SWOT因子在10种不同实验方案下的权重

因子	权重										
	实际	实验1	实验2	实验3	实验4	实验5	实验6	实验7	实验8	实验9	实验10
S	0.22	0.25	0.20	0.30	0.20	0.30	0.30	0.40	0.10	0.35	0.15
W	0.39	0.25	0.20	0.30	0.30	0.20	0.20	0.40	0.10	0.35	0.15
O	0.29	0.25	0.30	0.20	0.20	0.30	0.20	0.10	0.40	0.15	0.35
T	0.10	0.25	0.30	0.20	0.30	0.20	0.30	0.10	0.40	0.15	0.35

从表7-16可以看出,个别方案的实验结果与实际排名有所不同:与ST3实际排名相同的实验结果占ST3所有实验结果的20%,与SO1实际排名相同的实验结果占比为30%,与WO2和WT2实际排名相同的实验结果占比均为70%,与ST1实际排名相同的实验结果占比为90%,其余替代方案的全部实验结果与实际排名相同。由此可以发现,排名前5位的方案均与所有实验结果相同,方案的优先顺序保持不变。因此,敏感性分析的结果表明模糊TOPSIS法得出的优先级排序具有可靠性。

表7-16 敏感性分析结果

替代方案	排名										
	实际	实验1	实验2	实验3	实验4	实验5	实验6	实验7	实验8	实验9	实验10
SO1	7	8	9	7	9	7	8	6	9	7	9
SO2	3	3	3	3	3	3	3	3	3	3	3
WO1	1	1	1	1	1	1	1	1	1	1	1
WO2	8	9	8	8	8	9	8	8	8	8	8

续表 7-16

替代方案	排名										
	实际	实验1	实验2	实验3	实验4	实验5	实验6	实验7	实验8	实验9	实验10
WO3	5	5	5	5	5	5	5	5	5	5	5
ST1	10	10	10	10	10	10	10	9	10	10	10
ST2	4	4	4	4	4	4	4	4	4	4	4
ST3	9	7	7	9	7	8	7	10	6	9	6
WT1	2	2	2	2	2	2	2	2	2	2	2
WT2	6	6	6	6	6	6	6	6	6	6	7

研究结果表明，在10种替代方案中，保障生态红线内矿业权有序退出（WO1）的优先度最高。其主要原因是长江经济带作为我国重要的生态宝库之一，年供水量超过2000亿 m^3，保障了长江沿岸4亿人口的生活需求和生产需要，同时是我国南水北调工程的取水水源。因此，它不仅在生态系统上非常重要，在地理位置上也非常重要，其生态功能区不仅需要保障区域内，还需要保障全国居民的生活安全和健康安全，矿业权退出已势在必行。考虑到我国需要承担全球生态治理的大国责任，切实完成长江经济带生态环境保护规划2030年的预期目标；同时考虑到目前国际上对于战略性关键矿产资源竞争态势的不确定性，长江经济带需要严格落实矿山生态环境损害赔偿制度、优先开采清洁能源与新兴矿产资源、加强对高污染矿产资源开采的总量管理及加强重点矿区的风险管控。因此，它们的优先度排在第二、第三、第四和第五位，一方面满足高要求的环境准入条件，另一方面保障新兴矿产资源和清洁能源的供给安全。生态补偿制度是一项十分有效的环境政策工具，在其他领域成效突出，然而针对矿产资源开发这种用地包含多个生态系统类型，以及整体生产供应链较为复杂的产业，国内外的实证研究仍然较少，补偿标准仍难以确定，因此生态补偿制度排在第六位。而加强自然资源资产管理、分矿种实行差异化的生态环境保护与修复、增加矿山环境恢复治理资金投入、提高矿业产业集中度由于其普适性和周期性，排在后4位，实际上，这4种政策方案在其他地区效果良好。

然而，研究结果主要是分析不同政策方案并进行排序，而不仅仅是建议采用排名最优的单一政策方案。单一政策方案在长江经济带这种大流域尺度下仍不及多种组合政策更为有效。实际上，区域宏观战略决策与规划方案通常采取多种不同政策相结合的方式进行。因此,建议将保障生态红线内矿业权有序退出作为长江经济带矿产资源开发生态环境保护的主导方向;同时,仍需采用多种政策手段并存的方式完成,如对探矿权、采矿权期限分类,按照成本补偿法、价值评估法强制要求自然保护区较多的地区矿业权退出,研究矿业权退出的企业意愿金额与中央财政对跨省流域上、下游横向生态保护补偿给予矿业权退出支持等。

第8章 长江经济带矿业绿色发展政策建议

8.1 优化空间结构

(1)构建矿产资源开发空间治理体系,严格落实主体功能区制度,根据地区自然条件进行适宜性开发,将长江上游生态脆弱的国土空间确定为限制开发或禁止开发的重点生态功能区,严格控制该区域能源和其他矿产资源的开发。

全面实施矿产资源勘查开发环境保护准入管理。严格执行各省市《全国矿产资源规划(2016—2020年)》提出的规划准入、资格准入、空间准入条件要求,强化矿产资源开发源头管控。

(2)严格实施生态保护区内(禁采区)矿业退出方案。生态红线内不再新设采矿权。以各省市生态红线方案空间范围为依据,加强环境管控,强化资源环境监管执法力度,确保各类矿产资源开发活动不越过生态红线。

生态红线内已设采矿权有序退出。禁止在各级自然保护区内进行矿产资源开采,对区内已设的商业采矿权,分类提出差别化的补偿和退出方案,依法有序退出。

8.2 实行最严格的生态环境保护制度

(1)严格控制重点矿区内各类活动的"三废"排放。严格控制重点矿区内各类活动产生的废水排放。提高生产废水回用率,减少生产废水外排,矿产资源开发时尽量做到采场、选场及尾矿库一并建设使用,通过"采、选、尾"生产用水、排水之间的相互调节,尽量做到矿山企业生产废水零排放和综合利用。

严格控制重点矿区内各类活动产生的固体废弃物排放。对矿山生产产生的大量废石堆、废弃工业场地及尾矿库应采取排蓄结合、排水拦渣、综合利用等措施,有效解决"三废"污染;对服务期满的弃渣场、尾矿库采取复垦措施,提高土地利用率并进行固体废弃物减量化处置。

(2)分矿种实施差异化的水土污染管控措施。对于能源矿产,妥善处置能源矿产尾矿及废石、废渣堆放问题;对于金属矿产,加强矿区内重金属污染源头防控;对于非金属矿产,加强对开采过程中受影响和被破坏土地的全面恢复与治理。

针对有色金属重点矿业集聚区,加快推进湖北黄石、湖南株洲等69个重金属污染防控重点区域的整治工程。加强对矿山企业的污染监测和专项执法检查,加强对仓储设施、污染治理设施、处理设施和周边环境的管理。对污染耕地进行分类管理,采取措施确保耕地安全生产,包括农业管理和重金属污染土壤中非粮作物的恢复。

对云南省"三江并流区"铅锌矿开采重金属污染进行换土处理、淋洗处理、植物修复;对湖南湘江流域镉污染采取淋洗处理、客土处理、农业处理;对江西赣江流域铬、铜污染可采取动物处理、植物处理、物理处理,减轻流域铬、铜污染,以提高流域水质。

针对云南、湖南、江西等地稀土、钨、锡、锑等优势重点矿区,严格落实开采规划总量和强度管理。尤其对于稀土等高科技矿种,应加强技术研发,鼓励采用"混合型轻稀土资源清洁高效提取"技术,减少稀土提取"三废"排放,加强稀土开采利用监管。

针对川南、重庆等地页岩气储量丰富但目前经济技术条件下难以利用的重点矿区,实行保护性战略储备。同时,由于岩油气开发利用过程伴随着多种环境风险,需进行风险预防和源头治理。

针对上游岷沱江流域、贵州乌江流域、湖北香溪河磷矿采选所导致的总磷超标问题,应加强源头治理以遏制局部地区水质恶化趋势。针对贵州、湖北等地区超标排放和污染治理措施不到位的矿山企业提出限期整改要求,加强污水回抽处理能力建设及磷石膏渣场监管,强化磷矿资源管理;加快涉磷化工企业废水处理设施升级改造。针对湖北宜昌、贵州遵义、黔南州、黔东南州,四川德阳、乐山、绵阳等区域,整改或关闭生产能力小于50万t/年的小磷矿;开展磷石膏、磷渣仓储标准化管理,推进磷石膏综合利用;加强废水生物除磷、化学除磷工艺的末端治理,强化开展无组织排放的综合治理。加快磷矿资源和矿山数量整合,大力推进磷矿资源整装勘查和开发,提高磷化工企业大中型比例,有效遏制采富弃贫、乱开滥采现象,改善磷矿资源开发小、散、乱的局面。

(3)分区域实施差异化的生态环境保护与修复。由于各省市主要开发利

第8章 长江经济带矿业绿色发展政策建议

用的矿产资源种类不同,对环境所造成的影响也不尽相同,因此,对不同区域要实行差异化的生态环境保护与治理修复。

上游地区:云南省的主要治理区域为昆明市东川片区、安宁片区、红河哈尼族彝族自治州个旧片区、金平片区、曲靖市会泽县者海片区、陆良县西桥片区、文山州马关县都龙南捞片区、文山市马塘片区、保山市腾冲市滇滩河片区、玉溪市易门片区、怒江州兰坪片区等地的矿区,主要治理问题为矿山废水及土壤重金属危害、滑坡、地面塌陷、矿区地下水疏干、水质恶化、土地资源破坏等。贵州省治理区域主要以煤、磷和锰矿区为主,分布于毕节市、六盘水市、黔南州和遵义市等地,主要治理问题为滑坡、泥石流等地质灾害,水体及土壤污染,地表植被破坏等。四川省主要以川东北、龙门山、攀西、川南、川西北等地的矿区为重点治理区域,主要治理问题为水土流失、土地沙化、石漠化、泥石流、滑坡、崩塌、土地资源破坏、地表植被破坏等。重庆市以奉节、巫山、开州区、忠县、石柱等煤矿区,城口、秀山锰矿区,石柱、黔江铅锌矿区,彭水、黔江萤石重晶石矿区,大足、铜梁锶矿区,涪陵页岩气矿区,主城及近郊区建材及非金属类矿区等地区为主要治理区域,主要治理问题为地表植被破坏、滑坡、崩塌、地裂缝、地面塌陷、矿坑突水、地下水资源枯竭、矿山废水综合利用等。

中游地区:湖南省的重点治理区域为煤炭、锰、石膏等矿区和独立工矿区,主要治理问题为滑坡、崩塌、地面塌陷、沉降、地下水位下降、泥石流、水体污染等。湖北省以国家级、省级重点矿区的大中型老矿区为重点环境治理修复区,主要治理问题为崩塌、滑坡、地面塌陷、地面沉降等。江西省以国有老矿山和责任主体灭失的历史遗留矿山等地质环境问题严重的区域及"三区两线"区域内和赣南等原中央苏区的矿山为重点治理区,主要治理为矿区土地复垦、植被恢复、露天采场边坡治理和矿山地质灾害防治等。

下游地区:安徽省淮北煤矿区矿山、淮南煤矿区、滁州-巢湖-安庆矿山、铜陵-马鞍山-池州矿区为重点治理区,主要治理任务为煤矿采煤塌陷区综合治理,占用破坏土地资源治理,露采矿山的崩塌、滑坡,泥石流灾害综合治理。江苏省以苏南地区禁采区(带)和其他地区"三区两线"区域内矿区为重点,着力解决矿区地质灾害隐患多发,生态破坏突出和占用破坏土地等。浙江省的重点治理区域为衢江上方、兰溪灵洞、富阳大山顶、常山辉埠、诸暨枫桥等地的矿区,主要治理问题为矿山废水与土壤重金属危害、地表水氟离子污染物超标、土地资源与地表植被破坏等。

(4)加快尾矿库综合治理与生态系统修复。对于新建尾矿库,应避开自然保护区、风景名胜区、饮用水源保护区和人口聚集区等环境敏感区,从源头控制环境风险。

（5）重视设计和施工质量。尾矿库建设项目的设计单位应具有设计资质，其施工单位应当具有矿山工程施工资质。力求尾矿库的库容量能容纳全部生产年限的尾矿量。

（6）积极推广在线监测系统。尾矿库在线监测系统是利用现代电子、信息、通信及计算机技术，实现对尾矿库浸润线、降雨量和干滩长度等指标数据实时、自动、连续采集、传输、管理及分析的监测技术，可以全面掌握尾矿库的运行状况。

（7）加强生态恢复。尾矿库闭库后，坝体和滩面应根据当地气象条件、污染物毒性和植被恢复方式等情况进行覆土，因地制宜进行植被恢复，初期多以草、灌木为主。

8.3 推动矿业城市资源产业转型升级

（1）分类型选择产业发展与转型路径。根据产业结构将长江经济带城市分为成长型城市、成熟型城市、衰退型城市。成长型城市注重合理确定开发强度，成熟型城市加快培育产业集群，衰退型城市改造传统产业，加快发展现代服务业。

（2）分区域推进矿业城市可持续发展。上游地区受到经济技术条件的限制，矿业城市产业发展的方式仍旧比较粗放，环境保护与经济发展的矛盾突出，因此，矿业城市转型的主要任务是推动产业由粗放发展向绿色集约转型。中游地区的产业结构单一化是造成资源型地区发展困境的直接原因，应加快中游地区矿业城市产业多元化、多级化发展，打破"一业独大"资源主导型产业局面。下游地区的经济发展水平较高，具有良好的产业转型基础，因此，加快经济服务化转型是下游地区工业化发展的必然趋势。

8.4 严格实行限采制度

（1）加强矿产资源开发规模、总量和"三率"管控。在限制开采区，严格执行开采矿种、开采规模、开采总量、"三率"指标、矿山地质环境保护等准入要求。对矿山企业实行清单式管理，严格控制采矿权设置，逐步减少矿山数量和限制开采矿种的开采总量。新设采矿权、已设采矿权申请扩大矿区范围、变更开采矿种、提高生产规模的,应严格规划审查,进行专门的规划论证。区内各类采矿权必须符合限制开采区的准入条件,达到绿色矿山建设要求,按国家下达计划开采,控制开采总量。

(2)加强对高污染和保护性矿种的总量管理。对国家规定实行保护性开采的特定矿种和优势特色矿种实施限制性开采和总量调控。对煤炭等高污染矿种实施开采总量限制。对钨、锡、锑、钼、稀土等传统优势类矿种,要合理调控开发总量,最大限度地降低生态环境影响;对安徽、云南、贵州等地的煤炭等产能过剩类矿产,要严格控制新增产能,坚决淘汰落后产能;对云南、湖南、江西等地的钨、锡、锑、稀土等特定矿种实行总量调控,强化高端应用。加强重要价值矿产资源保护,将《全国矿产资源规划(2016—2020年)》确定的对国民经济具有重要价值矿区、生态功能区内已探明大中型矿产地、因压覆和涉及国家产业政策不能开发的矿产作为国家矿产地予以储备。

8.5 推进矿山清洁化和集约化发展

(1)分环节推进矿山生产清洁化。在原材料采集环节上,辅助材料选用无毒、无害、环保的原料,提高原料循环使用率;利用尾矿进行充填,提高废物的综合利用率;采用环境友好的工艺、设备;采用高效无(低)毒的浮选新药剂产品。在生产环节上,能源矿产(如页岩气、天然气和煤层气)勘探开发时使用先进钻机、可生物降解或毒性小的钻井液、压裂液材料等,提高钻井液循环利用率和重复利用率。推广洁净煤技术,鼓励在煤矿集中区域建设群矿型选煤厂,降低直接销售和使用原煤的比例;页岩气勘探开发利用项目必须按照节能设计规范和标准建设,推广使用符合国家能效标准、经过认证的节能产品。

对于铜、铁、锰、铅锌、钨、钼等金属矿,应严格控制采矿、选矿生产过程中的有毒物和重金属污染物进入水体;严禁随意倾倒矿山开采产生的固体废弃物。采取先进工艺提高选矿循环用水、综合开发尾矿矿渣利用效率。加强金属尾矿的再选,将无再选价值的固体废弃物用于生产建材等资源化利用和生态环境恢复、矿山复垦回填。

对于非金属矿产,如建筑石料、叶蜡石、高岭土等,露天采矿场必须配备洒水除尘设施;爆破前后、采矿工作面、运输道路必须定时定量洒水降尘;加工设备安装布袋除尘器;强化建筑用石料等露天矿山剥离物、粉尘的综合回收利用,加强矿山生产废水的循环利用。

在末端治理环节上,采取先进技术和设备降低废水产生量,提高水资源循环效率,增加生活污水处理设施,降低废水中悬浮物和COD、BOD的排放量;采取消声、隔声、减震等措施来减少勘探与开发的噪声污染;采取工业场地及运输道路洒水降尘、破碎车间布袋除尘等方式减少粉尘污染。

(2)推进矿产资源节约与综合利用。实施一批矿产资源节约与综合利用示范工程,大力发展矿业领域低碳循环经济。强化矿产资源节约与综合利用,稳步推进矿产资源综合利用示范基地建设,积极推广矿产资源节约与综合利用适用先进技术,严格落实《矿产资源节约与综合利用鼓励、限制和淘汰技术目录》,创新节约与综合利用方法。

设立矿产资源保护和综合利用专项基金。奖励在矿产资源保护和综合利用方面取得显著成绩的矿山企业,支持矿山企业提高矿产资源回收率和综合利用率。

(3)提高矿山企业规模化水平和产业集中度。通过"合理规模,优化布局,提高效益,恢复治理"的目标调控,实行"大企业进入、大项目开发"政策,推进大型矿山企业兼并小型矿山企业,提高企业环保投资的技术能力;取缔小规模矿产、禁止开发区和部分限制开采区部分矿产;优化改造部分具有规模但生态效益不高的矿产企业的开采工艺技术,延长其产业链,提高企业生态效益。执行矿山最低开采规模设计标准,严格执行矿山最低开采规模设计标准,严禁大矿小开、一矿多开。

(4)加快推进绿色矿山建设,严格执行绿色矿山建设标准。各类新建、改扩建矿山要严格执行国家相关产业政策及《非金属矿行业绿色矿山建设规范》《化工行业绿色矿山建设规范》《黄金行业绿色矿山建设规范》《煤炭行业绿色矿山建设规范》《砂石行业绿色矿山建设规范》《陆上石油天然气开采业绿色矿山建设规范》《水泥灰岩绿色矿山建设规范》《冶金行业绿色矿山建设规范》《有色金属行业绿色矿山建设规范》九大行业标准,生产型矿山必须根据相关标准进行升级改造。

完善目标体系,实现多目标协调。在绿色矿山建设中,要同时满足企业、社区的利益,使企业有利可谋、矿地关系和谐。只有确保各目标之间相互平衡、相互协调,才能建设真正的绿色矿山。

加快完善和出台绿色矿山建设评价指标体系。绿色矿山建设的指标体系和评价方法在绿色矿山建设中处于核心地位,关系到绿色矿山建设的质量。目前,国家级绿色矿山已确立相关评价指标,但长江经济带多数省市还未出台,需要尽快完善出台。

明确政府职能定位,强化服务支持职能。政府要制定合理的政策保证矿产资源的供应,调节矿产品的价格,提高资源利用的效率,改善矿产开发生态环境,对企业的行为进行规范和指导,提高企业的积极性,发挥监督管理职能,保证政策的落实。

加快发展绿色金融,助力绿色矿山建设。绿色金融为绿色矿山建设提供了一个资金"接口"。长江经济带各省市可以对绿色金融的内涵和外延进行明确而清晰的界定,找到金融机构践行绿色金融的介入口,加快绿色金融标准化体系建设,形成特色鲜明的绿色金融标准体系,设立"绿色金融专柜",专营"绿色矿山"等绿色金融产品。

加强采选环保技术研发,提高绿色矿山环境效益。加强技术研发、应用绿色环保技术与工艺,提高矿业集中度、扩大矿山生产规模,有利于降低矿产资源开发过程中的能耗和各类污染物的排放量,减小资源开发对生态环境影响,从而提高绿色矿山建设的环境效益。

8.6 建立流域矿产资源生态补偿机制

(1)足额征收矿山生态环境修复治理基金。基金由矿山企业单设会计科目,制定矿山地质环境治理恢复资金的预算,按照销售收入的一定比例计提,并通过企业会计准则设定为弃置费用,逐年按照产量比例等方法摊销计入生产成本,由企业统筹用于开展矿山环境保护和综合治理。同时相关部门要加强监管,督促企业落实矿山环境治理恢复责任,按照满足实际需求的原则编制矿山地质环境保护方案,并公开保护方案的执行情况、基金提取的使用情况。

(2)加大对中、上游生态功能区的生态补偿力度。构建包括长江经济带各地区和各生态空间的生态大数据,并拓展基于生态服务功能类型的生态占用核算方式,为间接占用的自然生态空间的生态价值核算创造条件,进而为环境资源的量化管理及区域生态补偿奠定基础。计算长江经济带各地区林地、草地、耕地和水域的生态赤字量,并基于生态赤字价值设计补偿方案,将生态占用与其供给侧生态载体的承载力结合。

(3)加快生态环境损害赔偿制度改革。加快推进重庆、江苏、云南、江西4省市的生态环境损害制度改革试点工作,继续完善长江经济带各省市矿产资源开发生态环境损害赔偿机制。在制定补偿标准时,流域上游、下游应当根据流域生态环境现状、保护治理成本投入、水质改善的收益、下游支付能力、下泄水量保障等因素,综合确定补偿标准,以更好地体现激励与约束。

(4)建立自然保护区采矿权退出转移支付制度。对探矿权、采矿权期限分类,按照成本补偿法、价值评估法强制要求自然保护区较多的地区采矿权退出,研究采矿权退出的企业意愿金额。中央财政对跨省流域上、下游横向生态保护补偿给予支持。对达成补偿协议的重点流域,中央财政给予财政奖励,奖励额度将根据流域上游、下游地方政府协商的补偿标准、中央政府在不同流域保护和治理中承担的事权等因素确定。

第 9 章 研究结论与未来展望

9.1 研究结论

本书对长江经济带矿产资源开发-经济-环境耦合协调发展进行了深入研究,得出如下几个方面的结论。

第一,长江经济带资源储量丰富,且改革开放以来一直是支撑经济增长的必要条件。经济发展对于矿产资源开发的推动作用相对有效,而矿产资源开发对于经济发展贡献相对较小,表明近年来矿产资源开发和经济发展的协调关系逐步由资源导向型发展模式向经济高质量发展模式迈进。通过 VAR 模型分析和方差分解可以发现,对于长江经济带总体而言,从经济发展角度来看,在 10 个冲击期内矿产资源开发平均解释了经济发展 5.98% 的预测方差,前 4 期提升明显,随后趋于平稳,经济发展平均解释了自身 94.01% 的预测方差;从矿产资源开发角度来看,矿产资源开发平均解释了自身 20.95% 的预测方差,经济发展解释了矿产资源开发 79.05% 的预测方差。因此,考虑到长江经济带矿产资源的固有特点——含有大量的新兴矿产资源和战略性矿产资源,如页岩气、稀土等,应注重于此类矿产资源的开发。结合已出台的政策性文件,如《国民经济和社会发展第十三个五年规划纲要》等提出的"坚持生态优先、绿色发展的战略定位,把修复长江生态环境放在首要位置"方案,长江经济带的矿产资源开发应更加注重与经济、环境的协调发展。

第二,长江经济带矿产资源开发与环境之间的关系紧密,区域内环境质量对矿产资源开发具有重要意义,仍需高度重视矿产资源开发的环境影响。从综合环境影响来看,2016 年长江经济带矿产资源开发的综合环境影响相对较差,评价值为 0.36;从各省市来看,上海市的评价值为 1.00(评价等级为良好),安徽省的评价值为 0.47(评价等级为一般),江苏省、浙江省、江西省、湖北省、重庆市、四川省的评价值分别为 0.39、0.35、0.37、0.24、0.38、0.35(评价等级为较差),湖南省、贵州省、云南省评价值分别为 0.15、0.15、0.11(评价等级为极差);从省际层面看,西部地区和中部湖南省环境影响值得关注,长江经济带矿产资源开发环境影响程度由东部向西部地区小幅度增高,主要原因是这些省份对于矿产资源的依存度大,产业结构"偏重化"特征明显,矿产资源开发过量开采挤占生态空间,同时其"三率"水平低,清洁化生产能力弱,环境污染治理水平还有待提高。这也表明长江经济带矿产资源开发-经济-环境协调发展势在必行。

第三,"共抓大保护,不搞大开发"方针对长江经济带矿产资源开发-经济-环境协调发展具有显著作用。短期内,在"大保护"情景下,各省市的耦合协调度会产生差异性变化,同时会使部分省份耦合协调度的下降。根据耦合协调度测算得出,在经济优先情景下,2006—2015年长江经济带矿产资源开发-经济-环境耦合协调度呈小幅上升的趋势,耦合协调度从0.58上升至0.62,涨幅6.89%,从勉强协调区间上升至初级协调区间。2016年,相较于经济优先情景,在"大保护"情景下的矿产资源开发-经济-环境耦合协调度高出经济优先情景0.04,约高6.72%;2017年高出0.028,约高4.80%。

第四,长江经济带协调发展水平存在着正的空间自相关性,并且相关性长期处于稳定状态。通过莫兰指数可以发现,长江经济带在0~1空间权重、地理距离权重、经济距离空间下,经济-环境协调发展水平均存在空间自相关性。然而,通过2006—2017年的截面数据计算出的局部莫兰指数发现,长江经济带协调发展水平的自相关性主要集中在长江下游地区,上游地区和中游地区随着时间的变化而变化。而且,协调发展水平稳定处于HH集聚区内的也位于长江经济带下游地区,中游、上游少部分省份处于HL集聚区内。运用空间面板数据模型所估计的矿产资源产量水平、矿产资源利用水平、矿产资源收益水平和矿业企业集约水平的最高值分别为-0.11%、0.11%、0.14%、0.02%,并通过了1%显著性水平检验。同时,R^2值较高,在以"共抓大保护,不搞大开发"为导向的长江经济带生态文明建设过程中,矿产资源开发对经济与环境的协调发展水平具有一定的推动作用。3种权重下的矿产资源产量水平均为负值,说明矿产资源开发总量减少已初见成效,但仍然需要加快采矿权退出进程。

9.2 未来展望

本书对长江经济带矿产资源开发-经济-环境协调发展水平进行了较为系统和全面的研究,其核心问题是解决矿产资源开发带来的经济增长与矿产资源开发造成的环境影响之间的矛盾,并提出了相应的解决思路与办法,具有一定的理论与现实意义。但是,由于矿产资源开发问题的复杂性,书中还有诸多不足之处需要继续完善。笔者认为未来可以在以下几个方面开展进一步的深入思考和研究:

第一,由于资料收集的困难与局限,本书仅选取了4个维度对长江经济带矿产资源开发的环境影响进行分析。由于样本的数量相对较少,覆盖范围有限,因此得出的评价结果还不够全面。在未来的研究中,可以进一步扩大研究范围,加强资料收集工作,进行更全面的分析与研究。

第二,由于耦合协调度模型的复杂性,本书参考相关学者的3E(economic、environment、energy)耦合协调度模型进行研究,经过大量的学者考证发现这些模型对相关行业如旅游业、制造业、工业有较好的效果,然而对矿业相关的研究并不多见。未来可以做多种模型比较,通过探索更为精确的模型对矿产资源开发-经济-环境耦合协调发展进行研究。

第三,受相关数据资料限制,本书提出的以经济-环境协调发展水平为被解释变量的空间溢出效应仅考虑了其静态模型,在长江经济带矿产资源开发对经济-环境协调发展水平的空间溢出效应考察中可能存在一定偏差,并且模型的构建只考虑了4种反映矿产资源开发的因素。未来研究中需要进一步完善数据的准确性,同时在空间计量模型中引入更多的矿产资源相关因素,探索更为合适的空间计量模型,使矿产资源开发对协调发展的空间溢出效应研究更为客观。

主要参考文献

安英莉,戴文婷,卞正富,2016.煤炭全生命周期阶段划分及其环境行为评价:以徐州地区为例[J].中国矿业大学学报,45(2):293-300.

曹石榴,2018.中国矿产资源利用的环境问题分析[J].中国矿业(S2):43-45.

查尔斯·D.科尔斯塔德,2016.环境经济学[M].2版.彭超,王秀芬,译.北京:中国人民大学出版社.

常纪文,2018.长江经济带如何协调生态环境保护与经济发展的关系[J].长江流域资源与环境,27(6):1409-1412.

常绍舜,2011.从经典系统论到现代系统论[J].系统科学学报,19(3):1-4.

陈功,2011.统筹城乡背景下城乡金融资源协调配置研究[D].重庆:西南大学.

陈军,成金华,2015.中国矿产资源开发利用的环境影响[J].中国人口·资源与环境,25(3):111-119.

陈强,2015.计量经济学及Stata应用[M].北京:高等教育出版社.

陈雯,周诚军,汪劲松,等,2003.长江流域经济一体化下的中游地区产业发展研究[J].长江流域资源与环境,12(2):101-106.

陈修颖,陆林,2004.长江经济带空间结构形成基础及优化研究[J].经济地理,24(3):376-379.

陈志凡,耿文才,2014.环境经济学[M].开封:河南大学出版社.

成金华,王然,2018.基于共抓大保护视角的长江经济带矿业城市水生态环境质量评价研究[J].中国地质大学学报(社会科学版),18(4):1-11.

程志强,2007.煤炭资源开发地区发展滞后的原因分析[J].宏观经济管理(9):28-31.

丁菊红,邓可斌,2007.政府干预、自然资源与经济增长:基于中国地区层面的研究[J].中国工业经济(7):56-64.

董颖,石磊,2013."波特假说":生态创新与环境管制的关系研究述评[J].生态学报,33(3):809-824.

段学军,王晓龙,徐昔保,等,2019.长江岸线生态保护的重大问题及对策建议[J].长江流域资源与环境,28(11):2641-2648.

范振林,2018.安徽省矿产资源开发环境影响评价研究[J].中国矿业,27(S1):75-79.

高楠,马耀峰,李天顺,等,2013.基于耦合模型的旅游产业与城市化协调发展研究:以西安市为例[J].旅游学刊,28(1):62-68.

高清,黄治化,陈鹏宇,2018.四川省矿产资源开发与经济发展的耦合协调关系分析[J].资源与产业,20(4):69-74.

高苇,成金华,张均,2018.异质性环境规制对矿业绿色发展的影响[J].中国人口·资源与环境(11):150-161.

高翔,鱼腾飞,程慧波,2010.西陇海兰新经济带甘肃段水资源环境与城市化交互耦合时空变化[J].兰州大学学报(自然科学版),46(5):11-18.

管东生,2004.城市生态环境研究的新进展:评《城市生态环境学》(第二版)[J].地理科学(1):127.

郭庆宾,刘琪,张冰倩,2016.环境规制是否抑制了国际R&D溢出效应:以长江经济带为例[J].长江流域资源与环境,25(12):1807-1814.

胡援成,萧德勇,2007.经济发展门槛与自然资源诅咒:基于我国省际层面的面板数据实证研究[J].管理世界(2):15-23.

花蕾,2005.长江上游经济带产业布局一体化研究[D].西安:长安大学.

环境保护部环境工程评估中心,2011.矿产资源开发规划生物多样性影响评价方法实践[M].北京:中国环境科学出版社.

黄茂兴,林寿富,2013.污染损害、环境管理与经济可持续增长:基于五部门内生经济增长模型的分析[J].经济研究(12):30-41.

黄瑞,2016.凯恩斯经济学中的社会保障思想及对实践的影响[J].经济研究导刊(27):7-9.

姜磊,柏玲,吴玉鸣,2017.中国省域经济、资源与环境协调分析:兼论三系统耦合公式及其扩展形式[J].自然资源学报,32(5):788-799.

蒋正举,刘金平,2013.采石废弃地生态环境影响程度衡量及分级研究:以徐州市铜山区为例[J].长江流域资源与环境,22(12):1581-1585.

景普秋,2010.资源诅咒:研究进展及其前瞻[J].当代财经(11):120-128.

景普秋,王清宪,2008.煤炭资源开发与区域经济发展中的"福"与"祸":基于山西的实证分析[J].中国工业经济(5):80-90.

孔繁成,2017.晋升激励、任职预期与环境质量[J].南方经济(10):90-110.

黎诗宏,梁斌,李忠惠,等,2016.成都平原典型Cd污染区稻米Cd、Zn含量特征及其健康风险探讨[J].地质科技情报,35(6):200-204,242.

李崇明,丁烈云,2004.小城镇资源环境与社会经济协调发展评价模型及应用研究[J].系统工程理论与实践(11):134-144.

李东,周可法,孙卫东,2015.BP神经网络和SVM在矿山环境评价中的应用分析[J].干旱区地理,38(1):128-134.

李国柱,2007.中国经济增长与环境协调发展的计量分析[D].沈阳:辽宁大学.

李虹,熊振兴,2017.生态占用、绿色发展与环境税改革[J].经济研究,52(7):124-138.

李天星,2013.国内外可持续发展指标体系研究进展[J].生态环境学报,22(6):1085-1092.

李艳,曾珍香,武优西,等,2003.经济-环境系统协调发展评价方法研究及应用[J].系统工程理论与实践(5):54-58.

李永峰,2015.基础环境科学[M].哈尔滨:哈尔滨工业大学出版社.

李勇刚,张鹏,2013.产业集聚加剧了中国的环境污染吗:来自中国省级层面的经验证据[J].华中科技大学学报(社会科学版),27(5):97-106.

梁昌勇,戚筱雯,丁勇,等,2012.一种基于 TOPSIS 的混合型多属性群决策方法[J].中国管理科学,20(4):109-117.

梁辉,王春凯,2019.产业发展对城市蔓延影响的差异性分析:以长江经济带 104 个城市为例[J].长江流域资源与环境,28(6):1253-1261.

廖重斌,1999.环境与经济协调发展的定量评判及其分类体系[J].热带地理,19(2):171-177.

林伯强,邹楚沅,2014.发展阶段变迁与中国环境政策选择[J].中国社会科学(5):81-95,205-206.

林家彬,刘洁,李彦龙,2011.中国矿产资源管理报告[M].北京:地质出版社.

林毅夫,2018.改革开放 40 年中国经济增长创造世界奇迹[J].智慧中国(10):6-9.

刘舫,2018.矿产资源开发环境影响评价的指标体系及方法研究[J].环境科学与管理,43(5):167-170.

刘华军,贾文星,彭莹,等,2019.区域经济的空间溢出是否缩小了地区差距? 来自关系数据分析范式的经验证据[J].经济与管理评论(1):122-133.

刘剑平,2007.我国资源型城市转型与可持续发展研究[D].长沙:中南大学.

刘耀彬,2005.中国城市化与生态环境耦合度分析[J].自然资源学报,20(1):105-112.

龙小宁,万威,2017.环境规制、企业利润率与合规成本规模异质性[J].中国工业经济(6):155-174.

卢曦,许长新,2017.长江经济带水资源利用的动态效率及绝对 β 收敛研究:基于三阶段 DEA-Malmquist 指数法[J].长江流域资源与环境,26(9):1351-1358.

逯进,常虹,汪运波,2017.中国区域能源、经济与环境耦合的动态演化[J].中国人口·资源与环境,27(2):60-68.

马丽,金凤君,刘毅,2012.中国经济与环境污染耦合度格局及工业结构解析[J].地理学报,67(10):1299-1307.

梅海林,2016.资源与环境经济学的理论与实践[M].广州:暨南大学出版社.

倪平鹏,蒙运兵,杨斌,2010.我国稀土资源开采利用现状及保护性开发战略[J].宏观经济研究(10):13-20.

潘文卿,2012.中国的区域关联与经济增长的空间溢出效应[J].经济研究,47(1):54-65.

潘晓娟,2019.母亲河保护修复攻坚战开局良好共抓大保护使一江清水浩荡奔流[N].中国经济导报,2019-01-09(2).

彭博,方虹,李静,等,2017.中国区域经济-社会-环境的耦合协调度发展研究[J].生态经济,33(10):43-47.

屈文波,2018.环境规制、空间溢出与区域生态效率:基于空间杜宾面板模型的实证分析[J].北京理工大学学报(社会科学版),20(6):27-33.

任继周,1999.系统耦合在大农业中的战略意义[J].科学,51(6):12-14.

任以胜,2015.空间集聚、溢出效应与长江经济带协同发展研究[D].蚌埠:安徽财经大学.

邵帅,齐中英,2008.西部地区的能源开发与经济增长:基于"资源诅咒"假说的实证分析[J].经济研究(5):147-160.

邵帅,张可,豆建民,2019.经济集聚的节能减排效应:理论与中国经验[J].管理世界,35(1):36-60,226.

余群芝,2008.环境库兹涅茨曲线的理论批评综论[J].中南财经政法大学学报(1):20-26.

沈明,沈镭,钟帅,等,2016.基于生态敏感条件的中国资源型城市去产能空间格局优化[J].资源科学,38(10):1962-1974.

涂正革,谌仁俊,2015.排污权交易机制在中国能否实现波特效应?[J].经济研究,50(7):160-173.

汪浩瀚,2003.后瓦尔拉斯宏观经济理论评析[J].经济学动态(4):75-78.

王长江,2006.指数平滑法中平滑系数的选择研究[J].中北大学学报(自然科学版)(6):558-561.

王国霞,刘婷,2017.中部地区资源型城市城市化与生态环境动态耦合关系[J].中国人口·资源与环境,27(7):80-88.

王合生,虞孝感,1998.长江经济带发展中若干问题探讨[J].地理学与国土研究,14(2):1-5.

王美霞,任志远,王永明,等,2010.宝鸡市经济与环境系统耦合协调度分析[J].华中师范大学学报(自然科学版),44(3):512-516.

王孟,2015.长江水资源保护与流域经济社会发展关系研究[J].人民长江,46(19):75-78.

王乃举,周涛发,2012.矿业城市环境经济系统耦合评价:以安徽铜陵市为例[J].中国环境科学,32(7):1339-1344.

王淇,2019.系统论视角下浅谈中国绿色发展[J].中国集体经济(11):26-27.

王琦,陈才,2008.产业集群与区域经济空间的耦合度分析[J].地理科学(2):145-149.

王少剑,方创琳,王洋,2015.京津冀地区城市化与生态环境交互耦合关系定量测度[J].生态学报,35(7):2244-2254.

王树强,孟娣,2019.雾霾空间溢出背景下产业转型的环境效应研究:基于京津冀及周边31个城市的实证分析[J].生态经济,35(1):144-149.

王维,2017.长江经济带城乡协调发展评价及其时空格局[J].经济地理,37(8):60-66,92.

王文普,2013.环境规制、空间溢出与地区产业竞争力[J].中国人口·资源与环境,23(8):123-130.

王文行,顾江,2008.资源诅咒问题研究新进展[J].经济学动态(6):88-91.

王小马,赵鹏大,2007.我国矿产资源禀赋、国家安全以及解决之道[J].中国矿业(3):4-6.

王昭,2019.理想类型视角下的中国环境治理经验:相关文献的综述与引申[J].长江流域资源与环境,28(9):2177-2185.

吴传清,黄磊,2017.长江经济带绿色发展的难点与推进路径研究[J].南开学报(哲学社会科学版)(3):50-61.

吴传清,黄磊,2018.长江经济带工业绿色发展绩效评估及其协同效应研究[J].中国地质大学学报(社会科学版),18(3):46-55.

吴楠,2019.推进长江经济带高质量发展[N].中国社会科学报,2019-01-18(02).

吴巧生,成金华,2019.重塑长江经济带矿产资源开发利用格局[N].中国社会科学报,2019-05-15(04).

吴玉鸣,2005.中国经济增长与收入分配差异的空间计量经济分析[M].北京:经济科学出版社.

吴玉鸣,2006.空间计量经济模型在省域研发与创新中的应用研究[J].数量经济技术经济研究(5):74-85,130.

吴跃明,张子珩,郎东峰,1996.新型环境经济协调度预测模型及应用[J].南京大学学报(自然科学版)(3):466-473.

夏春萍,刘文清,2012.农业现代化与城镇化、工业化协调发展关系的实证研究:基于VAR模型的计量分析[J].农业技术经济(5):79-85.

邢文婷,张宗益,吴胜利,2016.页岩气开发对生态环境影响评价模型[J].中国人口·资源与环境,26(7):137-144.

熊鸿斌,周凌燕,2018.基于PSR-灰靶模型的巢湖环湖防洪治理工程生态环境影响评价研究[J].长江流域资源与环境,27(9):1977-1987.

徐康宁,王剑,2006.自然资源丰裕程度与经济发展水平关系的研究[J].经济研究(1):78-89.

许振宇,贺建林,2008.湖南省生态经济系统耦合状态分析[J].资源科学,30(2):185-191.

杨永均,张绍良,朱立军,等,2014.贵州矿产资源开发与生态保护和经济发展的耦合协调度[J].贵州农业科学,42(9):232-235.

于斌斌,2015.产业结构调整与生产率提升的经济增长效应:基于中国城市动态空间面板模型的分析[J].中国工业经济(12):83-98.

袁榴艳,杨改河,冯永忠,2007.干旱区生态与经济系统耦合发展模式评判:以新疆为例[J].西北农林科技大学学报,35(11):41-47.

曾贤刚,李琪,孙瑛,等,2012.可持续发展新里程:问题与探索:参加"里约+20"联合国可持续发展大会之思考[J].中国人口·资源与环境,22(8):41-47.

张德南,张心艳,2004.指数平滑预测法中平滑系数的确定[J].大连铁道学院学报(1):79-80.

张芳兰,杨明朗,刘卫东,2014.基于模糊TOPSIS方法的汽车形态设计方案评价[J].计算机集成制造系统,20(2):276-283.

张复明,景普秋,2008.资源型经济的形成:自强机制与个案研究[J].中国社会科学(6):117-130.

张红凤,周峰,杨慧,等,2009.环境保护与经济发展双赢的规制绩效实证分析[J].经济研究,44(3):14-26,67.

张可,汪东芳,2014.经济集聚与环境污染的交互影响及空间溢出[J].中国工业经济(6):70-82.

张梦,第宝锋,2015.灾变山地环境影响下小流域脆弱性评价研究[J].长江流域资源与环境,24(6):1072-1078.

张学良,2012.中国交通基础设施促进了区域经济增长吗:兼论交通基础设施的空间溢出效应[J].中国社会科学(3):60-77,206.

张玉韩,吴尚昆,董延涛,等,2018.构建长江经济带矿业协调发展新格局[J].国土资源情报(4):51-56.

赵鹏大,2001.非传统矿产资源研究:可持续发展的重要课题[J].中国地质(5):1-10.

赵鹏大,2003.迎接新型资源产业的到来:做好资源与产业链接这篇大文章[J].资源·产业(1):2.

赵文亮,丁志伟,张改素,等,2014.中原经济区经济-社会-资源环境耦合协调研究[J].河南大学学报(自然科学版),44(6):668-676.

郑宝华,刘东皇,2018.中国工业全要素生产率、空间溢出与环境污染:基于省域单元的空间计量研究[J].江苏理工学院学报,24(1):79-87.

郑娟尔,余振国,冯春涛,2010.澳大利亚矿产资源开发的环境代价及矿山环境管理制度研究[J].中国矿业,19(11):66-69,84.

钟昌标,2010.外商直接投资地区间溢出效应研究[J].经济研究,45(1):80-89.

钟茂初,2018.长江经济带生态优先绿色发展的若干问题分析[J].中国地质大学学报(社会科学版),18(6):8-22.

钟茂初,张学刚,2010.环境库兹涅茨曲线理论及研究的批评综论[J].中国人口·资源与环境,20(2):62-67.

周冯琦,程进,2016.公众参与环境保护的绩效评价[J].上海经济研究(11):56-64,80.

周黎安,2007.中国地方官员的晋升锦标赛模式研究[J].经济研究(7):36-50.

周奕,2018.产业协同集聚效应的空间溢出与区域经济协调发展:基于"产业-空间-制度"三位一体视角[J].商业经济研究(21):135-138.

周智勇,肖玮,陈建宏,2018.基于PCA和GM(1,1)的矿山生态环境预测模型[J].黄金科学技术,26(3):372-378.

朱道才,任以胜,徐慧敏,等,2016.长江经济带空间溢出效应时空分异[J].经济地理,36(6):26-33.

朱孔来,李静静,乐菲菲,2011.中国城镇化进程与经济增长关系的实证研究[J].统计研究,28(9):80-87.

朱四伟,胡斌,高骞,等,2018.空间关联对长江经济带省际区域创新能力的影响研究[J].科技管理研究,38(7):93-99.

邹辉,段学军,2015.长江经济带研究文献分析[J].长江流域资源与环境,24(10):1672-1682.

左其亭,陈曦,2001.社会经济-生态环境耦合系统动力学模型[J].上海环境科学(12):592-594.

AIGBEDION I, 2007. Environmental effect of mineral exploitation in Nigeria[J]. International Journal of Physical Sciences,2(2):33-38.

ALVAREZ S, CARBALLO - PENELA A, MATEO - MANTECÓN I, et al., 2016. Strengths - Weaknesses - Opportunities - Threats analysis of carbon footprint indicator and derived recommendations[J]. Journal of Cleaner Production, 121:238-247.

ANDREONI J, LEVINSON A, 2001. The simple analytics of the environmental Kuznets curve[J]. Journal of Public Economics, 80(2):269-286.

ANSELIN L, 2010. Local indicators of spatial association:LISA[J]. Geographical Analysis, 27(2):93-115.

ANTWEILER W, COPELAND B R, TAYLOR M S, 2001. Is free trade good for the environment?[J]. American Economic Review(4):877-908.

AUTY R M, 2001. Resource abundance and economic development[M]. Oxford:Oxford University Press.

AUTY R M, 2006. The resource curse thesis:minerals in Bolivian development, 1970-90[J]. Singapore Journal of Tropical Geography, 15(2):95-111.

BAS E, 2013. The integrated framework for analysis of electricity supply chain using an integrated SWOT - fuzzy TOPSIS methodology combined with AHP:the case of Turkey[J]. Electrical Power and Energy Systems, 44(1):897-907.

BURCHART-KOROL D, FUGIEL A, CZAPLICKA-KOLARZ K, et al., 2016. Model of environmental life cycle assessment for coal mining operations[J]. Science of the Total Environment, 562:61-72.

CAPATINA L, LAZAR G, SIMONESCU C M, 2008. The study of the air pollution by a surface mining exploitation from Romania[J]. Journal of the University of Chemical Technology and Metallurgy(43):245-250.

CEC, 1992. Towards sustainability:a European Community programme of policy and action in relation to the environment and sustainable development[J]. Land Management and Environmental Law Report, 4(5):153-156.

主要参考文献

CHEN W M, KIM H, HIDEKA Y, 2014. Renewable energy in eastern Asia: renewable energy policy review and comparative SWOT analysis for promoting renewable energy in Japan, South Korea, and Taiwan[J]. Energy Policy, 74:319-329.

CHIKKATUR A P, SAGAR A D, SANKAR T L, 2009. Sustainable development of the Indian coal sector[J]. Energy, 34(8): 942-953.

CHU P, PING K L, PAN H, 2019. Prospects of hydropower industry in the Yangtze River Basin: China's green energy choice[J]. Renewable Energy, 131: 1168-1185.

DASGUPRA P S, HEAL G M, 1979. Economic theory and exhaustible resources[M]. London: Cambridge University Press.

ERVURAL B C, ZAIM S, DEMIREL O F, et al., 2018. An ANP and fuzzy TOPSIS-based SWOT analysis for Turkey's energy planning[J]. Renewable and Sustainable Energy Reviews, 82: 1538-1550.

ESTAY-OSSANDON C, MENA-NIETO A, HARSCH N, 2018. Using a fuzzy TOPSIS-based scenario analysis to improve municipal solid waste planning and forecasting: a case study of Canary archipelago (1999-2030) [J]. Journal of Cleaner Production, 176: 1198-1212.

FEI Y, XIAN L F, LI X L, et al., 2019. Allocation of carbon dioxide emission quotas based on the energy-economy-environment perspective: evidence from Guangdong Province[J]. Science of The Total Environment, 669: 657-667.

FERREIRA H, LEITE M G P, 2015. A life cycle assessment study of iron ore mining [J]. Journal of Cleaner Production, 108: 1081-1091.

GROSSMAN G, KRUEGER A B, 1991. Environmental impacts of a North American Free Trade Agreement[J]. CEPR Discussion Papers(2): 223-250.

GROŠELJ P, STIRN L Z, 2015. The environmental management problem of Pohorje, Slovenia: a new group approach within ANP-SWOT framework[J]. Journal of Environmental Management, 161: 106-112.

GYLFASON T, 1997. Exports, inflation and growth[J]. World Development, 27(6): 1031-1057.

HAQUE H M E, DHAKAL S, MOSTAFA S M G, 2019. An assessment of opportunities and challenges for cross-border electricity trade for Bangladesh using SWOT-AHP approach[J/OL]. Energy Policy, 137(2019-11-26)[2020-10-20]. https://doi.org/10.1016/j.enpol.2019.111118.

HONG B L, YUN F L, HUAN N W, et al., 2019. Research on the coordinated development of greenization and urbanization based on system dynamics and data envelopment analysis: a case study of Tianjin[J]. Journal of Cleaner Production, 214: 195-208.

HOTELLING R, 1931. The economics of exhaustible resources[J]. Journal of Political Economy(39): 139-175.

JIA Y W, XIAO M W, QIAN G, 2018. A three-dimensional evaluation model for regional carrying capacity of ecological environment to social economic development: model development and a case study in China[J]. Ecological Indicators, 89: 348 - 355.

JIN Q H, SHAO J W, YAN Y L, et al., 2017. Examining the relationship between urbanization and the eco - environment using a coupling analysis: case study of Shanghai, China[J]. Ecological Indicators, 77: 185 - 193.

KANG M, STAM A, 1994. PAHAP: a pairwise aggregated hierarchical analysis of ratio-scale preferences[J]. Decision Sciences, 25(4): 607 - 624.

KAYA T, KAHRAMAN C, 2010. Multicriteria renewable energy planning using an integrated fuzzy VIKOR & AHP methodology: the case of Istanbul[J]. Energy, 35(6): 2517 - 2527.

KESLER S E, 1994. Mineral resources, economics and the enviroment[M]. New York: Macmillan College Publishing Company.

KESLER S E, SIMON A C, 2015. Mineral resources, economics and the environment [M]. Cambridge, UK: Cambridge Universtity Press.

KHAN M I, 2018. Evaluating the strategies of compressed natural gas industry using an integrated SWOT and MCDM approach[J]. Journal of Cleaner Production, 172: 1035 - 1052.

LAWRENCE, 1994. Cumulative impact A ssessment at the Project Level [J]. Environmental Impact Assessment Review(12): 254 - 259.

LI F, PAN B, WU Y, et al., 2017. Application of game model for stakeholder management in construction of ecological corridors: a case study on Yangtze River Basin in China[J]. Habitat International, 63: 113 - 121.

LU X, MING G X, MING S H, 2019. Dynamic simulation and assessment of the coupling coordination degree of the economy-resource-environment system: case of Wuhan City in China[J].Journal of Environmental Management, 230: 474 - 487.

MATSUYAMA K, 1991. Agricultural productivity, comparative advantage, and economic growth[J]. Journal of Economic Theary, 58(2): 317 - 334.

PAGIOLA S, ARCENAS A, PLATAIS G, 2005. Can payments for environmental services help reduce poverty? An exploration of the issues and the evidence to date from Latin America [J]. World Development, 33(2): 237 - 253.

PAPYRAKIS E, GERLAGH R, 2004. The resource curse hypothesis and its transmission channels[J]. Journal of Comparative Economics, 32(1): 181 - 193.

PFENNINGER S, KEIRSTEAD J, 2015. Renewables, nuclear, or fossil fuels? Scenarios for Great Britain's power system considering costs, emissions and energy security [J]. Applied Energy, 152:83 - 93.

POLAT Z A, ALKAN M, SÜRMENELI H G, 2017. Determining strategies for the cadastre 2034 vision using an AHP - based SWOT analysis: a case study for the Turkish cadastral and land administration system[J]. Land Use Policy, 67:151 - 166.

QI J S, NAN Z, TIAN L L, et al., 2018. Investigation of a "coupling model" of coordination between low-carbon development and urbanization in China[J]. Energy Policy, 121: 346 - 354.

QING S W, XUE L Y, XING X C, et al., 2014. Coordinated development of energy, economy and environment subsystems: a case study[J]. Ecological Indicators, 46: 514 - 523.

REN J Z, LÜTZEN M, 2017. Selection of sustainable alternative energy source for shipping: multi-criteria decision making under incomplete information [J]. Renewable and Sustainable Energy Reviews, 74:1003 - 1019.

ROSS M L, 1999. The political economy of the resource curse[J]. World Politics, 51(2): 297 - 322.

SABANOV S, PASTARUS J R, NIKITIN O, 2006. Environmental impact assessment for estonian oil shale mining systems[C] // International Oil Shale Conference, 7 - 9 November, Amman, Jordan: Jordan Natural Resources Authority:49.

SACHS J D, WARNER A M, 1997. Fundamental sources of long-run growth[J]. American Economic Review, 87: 184 - 188.

SARA T M, CHIARA D, STEFANO P C, et al., 2017. Urban energy planning procedure for sustainable development in the built environment: a review of available spatial approaches[J]. Journal of Cleaner Production, 165:811 - 827.

SHAHBA S, ARJMANDI R, MONAVARI M, et al., 2017. Application of multi-attribute decision-making methods in SWOT analysis of mine waste management (case study: Sirjan's Golgohar iron mine, Iran) [J]. Resources Policy, 51: 67 - 76.

SINGER H W, 1950. The distribution of gains between investing and borrowing countries [J]. American Economic Review, 40(2): 473 - 485.

SOLANGI Y A, TAN Q M, MIRJAT N H, et al., 2019. Evaluating the strategies for sustainable energy planning in Pakistan: an integrated SWOT - AHP and Fuzzy - TOPSIS approach[J]. Journal of Cleaner Production, 236(2019 - 07 - 16)[2020 - 11 - 25]. https://doi.org/10.1016/j.jclepro.2019.117655.

SUN Y, CUI Y, 2018. Evaluating the coordinated development of economic, social and environmental benefits of urban public transportation infrastructure: case study of four Chinese autonomous municipalities[J]. Transport Policy, 66: 116 - 126.

SYRQUIN M, CHENERY H B, 1989. Patterns of development, 1950 to 1983[J]. World Bank - Discussion Papers, 4(11): e867 - e867.

VASSONEY E, MOCHET A M, COMOGLIO C, 2017. Use of multicriteria analysis (MCA) for sustainable hydropower planning and management[J]. Journal of Environmental and Management, 196: 48 - 55.

VON BERTALANFFY L, 1987. 一般系统论的基础、发展和应用[M]. 林康义, 魏宏森, 译. 北京: 清华大学出版社.

WANG H W, ZHANG X L, WEI S F, et al., 2007. Analysis on the coupling law between economic development and the environment in Urumqi city[J]. Science in China(Series D: Earth Sciences)(S1): 149-158.

WANG R, CHENG J H, ZHANG Y L, et al., 2017. Evaluation on the coupling coordination of resources and environment carrying capacity in Chinese mining economic zones[J]. Resources Policy, 53: 20-25.

WOOD A, BERGE K, 1997. Exporting manufactures: human resources, natural resources, and trade policy[J]. Journal of Development Studies, 34(1): 35-59.

WU Y N, XU C B, ZHANG T, 2018. Evaluation of renewable power sources using a fuzzy MCDM based on cumulative prospect theory: a case in China[J]. Energy, 147: 1227-1239.

XI B X, GUI S Y, YAN T, 2019. Identifying ecological red lines in China's Yangtze River Economic Belt: A regional approach[J]. Ecological Indicators, 96: 635-646.

XI B X, GUI S Y, YAN T, et al., 2018. Ecosystem services trade-offs and determinants in China's Yangtze River Economic Belt from 2000 to 2015[J]. Science of The Total Environment, 634: 1601-1614.

YA B Z, SHAO H W, CHUN S Z, 2016. Understanding the relation between urbanization and the eco-environment in China's Yangtze River Delta using an improved EKC model and coupling analysis[J]. Science of The Total Environment, 571: 862-875.

YANG D, BAUKE V, QI H, 2014. Measuring regional sustainability by a coordinated development model of economy, society, and environment: a case study of Hubei Province[J]. Procedia Environmental Sciences(22): 131-137.

YONG L W, YU D W, YU J H, et al., 2019. Planning and operation method of the regional integrated energy system considering economy and environment[J]. Energy, 171: 731-750.

YUE H, LIN L, YAN T Y, 2018. Do urban agglomerations outperform non-agglomerations? A new perspective on exploring the eco-efficiency of Yangtze River Economic Belt in China[J]. Journal of Cleaner Production, 202: 1056-1067.

ZARE K, MEHRI-TEKMEH J, KARIMI S, 2015. A SWOT framework for analyzing the electricity supply chain using an integrated AHP methodology combined with fuzzy-TOPSIS[J]. International Strategic Management Review, 3(1/2): 66-80.

附 录

附表 1 长江经济带各省市矿区环境现状总览

地区	矿区	矿种	现状
上海	无	无	无
江苏	徐州采煤塌陷区	煤炭	破坏土地资源和植物资源,加剧水土流失,采煤塌陷引起山地、丘陵发生山体滑落或泥石流
浙江	萧山-富阳-余杭矿区	建材	破坏土地资源和植物资源
浙江	德清-长兴-安吉矿区	建材	破坏土地资源和植物资源
浙江	黄岩-临海-椒江矿区	建材	破坏土地资源和植物资源
浙江	兰溪-婺城-武义矿区	建材	破坏土地资源和植物资源
安徽	淮北煤矿区	煤炭	破坏土地资源和植物资源,加剧水土流失,采煤塌陷引起山地、丘陵发生山体滑落或泥石流
安徽	淮南煤矿区	煤炭	破坏土地资源和植物资源,加剧水土流失,采煤塌陷引起山地、丘陵发生山体滑落或泥石流
安徽	滁州-巢湖-安庆矿区	铜、铁、水泥建材	破坏土地资源和植物资源,加剧水土流失,重金属污染土壤、地下水
安徽	铜陵-马鞍山-池州矿区	铁、铜、水泥建材	破坏土地资源和植物资源,加剧水土流失,重金属污染土壤、地下水

续附表 1

地区	矿区	矿种	现状
江西	九江城门－瑞昌码头多金属、建材矿区	金属、建材	水土流失、植被破坏、对土壤造成放射性污染、破坏地下水资源
	星子白鹿－德安吴山多金属、建材矿区	金属、建材	水土流失、植被破坏、对土壤造成放射性污染、破坏地下水资源
	乐平涌山－浯口能源、多金属、建材矿区	金属、建材	水土流失、植被破坏、对土壤造成放射性污染、破坏地下水资源
	万年珠田－大源贵金属、建材矿区	金属、建材	水土流失、植被破坏、对土壤造成放射性污染、破坏地下水资源
	东乡虎圩－王桥多金属、建材矿区	金属、建材	水土流失、植被破坏、对土壤造成放射性污染、破坏地下水资源
	安福浒坑－新余良山多金属、建材矿区	金属、建材	水土流失、植被破坏、对土壤造成放射性污染、破坏地下水资源
	永新高溪－任中黑色金属、建材矿区	铁矿、建材	水土流失、植被破坏、对土壤造成放射性污染、破坏地下水资源
	吉水乌江－白水黑色金属、建材矿区	铁矿、建材	水土流失、植被破坏、对土壤造成放射性污染、破坏地下水资源
	宁都大沽－东山坝稀土矿区	稀土	污染土壤和地下水资源
	兴国鼎龙稀土矿区	稀土	污染土壤和地下水资源
	兴国兴江－宁都青塘有色金属、稀土、建材矿区	有色金属、稀土、建材	水土流失、植被破坏、对土壤造成放射性污染、破坏地下水资源

续附表 1

地区	矿区	矿种	现状
江西	兴国杰村稀土、多金属矿区	稀土、金属	水土流失,植被破坏,对土壤造成放射性污染,破坏地下水资源
	于都银坑多金属、稀土矿区	金属、建材	水土流失,植被破坏,对土壤造成放射性污染,破坏地下水资源
	南康坪市-大坪稀土、建材矿区	稀土、建材	水土流失,植被破坏,对土壤造成放射性污染,破坏地下水资源
	赣县田村-于都罗江稀土、建材矿区	稀土、建材	水土流失,植被破坏,对土壤造成放射性污染,破坏地下水资源
	上犹营前稀土、有色金属矿区	稀土、有色金属	水土流失,植被破坏,对土壤造成放射性污染,破坏地下水资源
	上犹县城稀土矿区	稀土	污染土壤和地下水资源
	于都黄磷稀土矿区	稀土	污染土壤和地下水资源
	南康龙回-蔡脚下稀土矿区	稀土	水土流失,植被破坏,对土壤造成放射性污染,破坏地下水资源
	大余足洞-崇义长龙多金属、稀土矿区	稀土、金属	污染土壤和地下水资源
	信丰古陂-赣县韩坊稀土矿区	稀土	污染土壤和地下水资源
	安远新龙-牛头稀土矿区	稀土	污染土壤和地下水资源
	信丰安西-定南天九稀土、多金属矿区	稀土、金属	水土流失,植被破坏,对土壤造成放射性污染,破坏地下水资源

续附表 1

地区	矿区	矿种	现状
江西	全南陂头-龙源坝稀土矿区	稀土	污染土壤和地下水资源
	寻乌南桥稀土矿区	稀土	污染土壤和地下水资源
	全南大吉山稀土、有色金属矿山	稀土、有色金属	水土流失、植被破坏,对土壤造成放射性污染,破坏地下水资源
湖北	鄂东南黄石、大冶、阳新、鄂州等地煤矿、铜矿、铁矿、金矿	煤矿、铜矿、铁矿、金矿	滑坡、地面塌陷,占用与破坏土地,土壤污染,地表水污染,地下水均衡破坏
	鄂中应城、云梦、大悟、钟祥、荆门等地石膏、岩盐、磷矿、煤矿	石膏、岩盐、磷矿、煤矿	地面塌陷,地面沉降,水均衡破坏
	鄂西、鄂西南、鄂西北宜昌、恩施、十堰、襄阳等地磷矿、煤矿、金矿、硫铁矿	磷矿、煤矿、金矿、硫铁矿	崩塌、滑坡、泥石流,地面塌陷,占用与破坏土地,水均衡破坏,地表水污染
	北湖区-桂阳县石墨矿区	石墨	占用土地资源,污染地下水
	冷水江锡矿山锑矿区	锑矿	破坏土地资源,污染土壤和地下水
	常宁县有色、贵金属矿区	有色金属	土壤污染,形成酸性土壤,污染地下水资源
湖南	零陵区珠山锰矿区	锰矿	土壤污染,形成酸性土壤,污染地下水资源
	湘阴县谭家山煤矿区	煤炭	破坏土地资源和植物资源,加剧水土流失,采煤塌陷引起山地、丘陵发生山体滑落或泥石流
	湘潭县响塘锰矿区	锰矿	土壤污染,形成酸性土壤,污染地下水资源

续附表 1

地区	矿区	矿种	现状
湖南	双清区短陂桥煤矿区	煤炭	破坏土地资源和植物资源,加剧水土流失,采煤塌陷引起山地、丘陵发生山体滑落或泥石流
	邵东县两市镇石膏矿区	石膏	土壤污染,形成酸性土壤,污染地下水资源
	花垣县民乐锰矿区	锰矿	土壤污染,形成酸性土壤,污染地下水资源
	恩口煤矿区	煤炭	破坏土地资源和植物资源,加剧水土流失,采煤塌陷引起山地、丘陵发生山体滑落或泥石流
	石门县石膏矿区	石膏	土壤污染,形成酸性土壤,污染地下水资源
	湘潭县-衡南县龙口石膏矿区	石膏	土壤污染,形成酸性土壤,污染地下水资源
	宁乡县-赫山区煤炭坝煤矿区	煤炭	破坏土地资源和植物资源,加剧水土流失,采煤塌陷引起山地、丘陵发生山体滑落或泥石流
	永兴县马田煤矿区	煤炭	破坏土地资源和植物资源,加剧水土流失,采煤塌陷引起山地、丘陵发生山体滑落或泥石流
重庆	缙云山-青木关片区煤矿区	煤炭	破坏土地资源和植物资源,加剧水土流失,采煤塌陷引起山地、丘陵发生山体滑落或泥石流
	渝北区复兴-兴隆片区煤矿	煤炭	破坏土地资源和植物资源,加剧水土流失,采煤塌陷引起山地、丘陵发生山体滑落或泥石流
	秀山鸡公岭、笔架山、溶溪锰矿区	锰矿	土壤污染,形成酸性土壤,污染地下水资源
	城口锰矿区	锰矿	土壤污染,形成酸性土壤,污染地下水资源

续附表 1

地区	矿区	矿种	现状
重庆	北碚区天府-中梁山建材矿	建材	破坏土地资源和植物资源
	永川、江津何埂、朱杨片区建材矿	建材	破坏土地资源和植物资源
	奉节煤矿区	煤炭	破坏土地资源和植物资源,加剧水土流失,采煤塌陷引起山地、丘陵发生山体滑落或泥石流
	永川黄瓜山片区煤炭	煤炭	破坏土地资源和植物资源,加剧水土流失,采煤塌陷引起山地、丘陵发生山体滑落或泥石流
	长寿明月山煤矿	煤炭	破坏土地资源和植物资源,加剧水土流失,采煤塌陷引起山地、丘陵发生山体滑落或泥石流
	开州煤矿区	建材	破坏土地资源和植物资源
	歌乐山建材矿	建材	破坏土地资源和植物资源
	华岩至小南海片区建材矿	煤炭	破坏土地资源和植物资源,加剧水土流失,采煤塌陷引起山地、丘陵发生山体滑落或泥石流
	铜梁、大足锶煤矿区	建材	破坏土地资源和植物资源
	黔江城区建材矿		

续附表 1

地区	矿区	矿种	现状
四川	阿坝县四注煤矿矿山	煤炭	破坏土地资源和植物资源,加剧水土流失,采煤塌陷引起山地、丘陵发生山体滑落或泥石流
	南江县桃园花岗石矿	建材	破坏土地资源和植物资源
	成都出江煤矿	煤炭	破坏土地资源和植物资源,加剧水土流失,采煤塌陷引起山地、丘陵发生山体滑落或泥石流
	渠江陈家沟煤矿	煤炭	破坏土地资源和植物资源,加剧水土流失,采煤塌陷引起山地、丘陵发生山体滑落或泥石流
	白玉县东达沟金矿	金矿	占用土地资源,污染地下水
	理塘县德格沟金矿	金矿	占用土地资源,污染地下水
贵州	毕节双山区戈乐村老煤窑片区	煤炭	破坏土地资源和植物资源,加剧水土流失,采煤塌陷引起山地、丘陵发生山体滑落或泥石流
	遵义煤矿3矿井片区	煤炭	破坏土地资源和植物资源,加剧水土流失,采煤塌陷引起山地、丘陵发生山体滑落或泥石流
	大方县高原一带煤矿区水城县小河煤矿片区	煤炭	破坏土地资源和植物资源,加剧水土流失,采煤塌陷引起山地、丘陵发生山体滑落或泥石流
	六盘水水塘黑坝煤矿区	煤炭	破坏土地资源和植物资源,加剧水土流失,采煤塌陷引起山地、丘陵发生山体滑落或泥石流

续附表 1

地区	矿区	矿种	现状
贵州	安顺轿子山煤矿片区	煤炭	破坏土地资源和植物资源,加剧水土流失,采煤塌陷引起山地、丘陵发生山体滑落或泥石流
	贵州盘江精煤股份有限公司金佳煤矿	煤炭	破坏土地资源和植物资源,加剧水土流失,采煤塌陷引起山地、丘陵发生山体滑落或泥石流
	瓮福磷矿	磷矿	水土流失,植被破坏,对土壤造成放射性污染,破坏地下水资源
	遵义市铜锣井-长沟锰矿区	锰矿	土壤污染,形成酸性土壤,污染地下水
	铜仁汞矿区	汞矿	破坏土地资源,污染土壤和地下水
	务川汞矿区	汞矿	破坏土地资源,污染土壤和地下水
	万山汞矿区	汞矿	破坏土地资源,污染土壤和地下水
	杉树林铅锌矿区	铅矿、锌矿	破坏土地资源,污染土壤和地下水
	赫章县铁、铅锌矿区	铁、铅矿、锌矿	破坏土地资源,污染土壤和地下水
云南	香格里拉雪鸡坪铜矿区	铜矿	占用土地资源,污染地下水
	香格里拉市红山铜矿区	铜矿	占用土地资源,污染地下水
	兰坪菜籽地铅锌矿	铅矿、锌矿	占用土地资源,污染地下水
	兰坪金顶铅锌矿	铅矿、锌矿	占用土地资源,污染地下水
	华坪县煤矿区	煤炭	破坏土地资源和植物资源,加剧水土流失,采煤塌陷引起山地、丘陵发生山体滑落或泥石流

续附表 1

地区	矿区	矿种	现状
	泸水县外岩房锡铜矿区	铜矿	占用土地资源,污染地下水
	泸水县隔界河铅矿	铅矿	占用土地资源,污染地下水
	大理鹤庆北衙金矿区	金矿	占用土地资源,污染地下水
	梁河县锡矿矿区	锡矿	占用土地资源,污染地下水
	弥渡煤炭集中开采区	煤炭	破坏土地资源和植物资源,加剧水土流失,采煤塌陷引起山地、丘陵发生山体滑落或泥石流
	保山市核桃坪铅锌矿区	铅矿、锌矿	占用土地资源,污染地下水
云南	潞西金矿区	金矿	占用土地资源,污染地下水
	永仁一大姚铜矿区	铜矿	水土流失,植被破坏,对土壤造成放射性污染、破坏地下水资源
	宜良县对山歌海巴磷矿	磷矿	水土流失,植被破坏,对土壤造成放射性污染、破坏地下水资源
	寻甸县大湾磷矿及周边	磷矿	破坏土地资源和植物资源,加剧水土流失,采煤塌陷引起山地、丘陵发生山体滑落或泥石流
	云南楚雄白泥箐煤矿	煤炭	占用土地资源,污染地下水
	南华县马街波油山锌矿	锌矿	占用土地资源,污染地下水
	禄丰县一平浪星小煤矿	煤炭	破坏土地资源和植物资源,加剧水土流失,采煤塌陷引起山地、丘陵发生山体滑落或泥石流

续附表 1

地区	矿区	矿种	现状
	易门铜矿	铜矿	占用土地资源、污染地下水
	滇池流域采石场	建材	破坏土地资源和植物资源
	云南省澄江县王高庄磷矿	磷矿	水土流失、植被破坏、对土壤造成放射性污染、破坏地下水资源
	华宁县大新寨磷矿	磷矿	水土流失、植被破坏、对土壤造成放射性污染、破坏地下水资源
	绥江县板栗煤矿	煤炭	破坏土地资源和植物资源、加剧水土流失、采煤塌陷引起山地、丘陵发生山体滑落或泥石流
云南	永善金沙铅锌矿	铅矿	占用土地资源、污染地下水
	彝良县洛泽河铅锌矿区	铅矿、锌矿	占用土地资源、污染地下水
	茂租铅锌矿	铅矿、锌矿	破坏土地资源和植物资源、加剧水土流失、采煤塌陷引起山地、丘陵发生山体滑落或泥石流
	盐津县煤矿区	煤炭	破坏土地资源和植物资源、加剧水土流失、采煤塌陷引起山地、丘陵发生山体滑落或泥石流
	彝良县冷沙坞煤矿	煤炭	破坏土地资源和植物资源、加剧水土流失、采煤塌陷引起山地、丘陵发生山体滑落或泥石流
	威信煤矿区	煤炭	破坏土地资源和植物资源、加剧水土流失、采煤塌陷引起山地、丘陵发生山体滑落或泥石流

续附表1

地区	矿区	矿种	现状
云南	东川铜矿区	铜矿	占用土地资源,污染地下水
	会泽铅锌矿区	铅矿、锌矿	占用土地资源,污染地下水
	大理祥云煤炭集中开采区	煤炭	破坏土地资源和植物资源,加剧水土流失,丘陵发生山体滑落或泥石流,采煤塌陷引起山地
	曲靖师宗煤炭集中开采区	煤炭	破坏土地资源和植物资源,加剧水土流失,丘陵发生山体滑落或泥石流,采煤塌陷引起山地
	弥勒煤炭集中开采区	煤炭	破坏土地资源和植物资源,加剧水土流失,丘陵发生山体滑落或泥石流,采煤塌陷引起山地
	开远小龙潭煤矿区	煤炭	破坏土地资源和植物资源,加剧水土流失,丘陵发生山体滑落或泥石流,采煤塌陷引起山地
	临沧市煤矿	煤炭	破坏土地资源和植物资源,加剧水土流失,丘陵发生山体滑落或泥石流,采煤塌陷引起山地
	元江－墨江金矿	金矿	占用土地资源,污染地下水

附表 2 长江经济带各省市矿区与禁止开发区重叠情况总览

地区	矿区	禁止开发区	
		自然保护区	风景名胜、地质公园、森林公园
四川	古叙煤炭国家规划矿区	画稿溪、二郎、黄荆自然保护区	丹山、黄荆十节瀑布
	筠连煤炭国家规划矿区	筠连大雪山自然保护区	筠连岩溶
	攀枝花钒钛磁铁矿国家规划矿区	四川攀枝花苏铁国家级自然保护区	龙潭
	白马钒钛磁铁矿国家规划矿区	白坡山自然保护区	龙潭
	甲基卡锂矿国家规划矿区	贡嘎山、格西沟自等然保护区	贡嘎山
	牦牛坪稀土矿国家规划矿区	冶勒自然保护区	彝海、螺髻山、邛海
	德阳磷矿国家规划矿区	九顶山自然保护区	九顶山、紫岩山、莹华山
	马边-雷波磷矿国家规划矿区	马边大风顶、嘛咪泽自然保护区	马湖
	巴中石墨矿国家重点矿区	大小兰沟自然保护区	光雾山-诺水河、神门
	红格钒钛磁铁矿重点矿区	二滩鸟类自然保护区	龙肘山-仙人湖
	西昌太和钒钛磁铁矿重点矿区	螺髻山自然保护区	螺髻山-邛海
	九龙里伍铜矿重点矿区	湾坝、贡嘎山自然保护区	贡嘎山
	会理拉拉铜矿重点矿区	螺髻山自然保护区	
	白玉呷村银多金属矿重点矿区	察青松多白唇鹿自然保护区	龙肘山-仙人湖
	丹巴杨柳坪铂镍矿重点矿区	莫斯卡、墨尔多山、党岭自然保护区	墨尔多山
	攀枝花石墨矿重点矿区	攀枝花苏铁自然保护区	龙潭
	华蓥山限制开采区	倒须沟树蕨自然保护区	华蓥山

续附表 2

地区	矿区	禁止开发区	
		自然保护区	风景名胜、地质公园、森林公园
四川	芙蓉限制开采区	长宁竹海自然保护区	芙蓉山、夔王山
	虎牙限制开采区	白羊、黄龙寺自然保护区	黄龙
	巴塘夏塞限制开采区	竹巴龙自然保护区	贡嘎山
	岔河限制开采区	螺髻山自然保护区	龙肘山-仙人湖
	松潘限制开采区	白羊、黄龙寺、等自然保护区	黄龙
	大陆槽限制开采区	螺髻山自然保护区	螺髻山-邛海
	成都平原限制开采区	龙泉湖、黑水寺自然保护区	李白故居、云台等
	威西限制开采区	五通桥八月林自然保护区	乐山大佛、大渡河、小西湖
	石棉县限制开采区	栗子坪自然保护区	田湾河
	康定赫隐制开采区	金汤孔玉、贡嘎山自然保护区	贡嘎山
云南	富源恩洪国家规划矿区	富源十八连山自然保护区	曲靖独木水库水源保护区
	富源老厂国家规划矿区		十八连山森林公园
	景洪重点矿区		西双版纳风景名胜区
	元谋-牟定铂钯多重点矿区		元谋风景名胜区
	砚山红舍克重点矿区	麻栗坡马老君自然保护区	砚山风景名胜区
	马关都龙重点矿区		麻栗坡地质公园、九乡风景名胜区
	宣良重点矿区		石林地质公园、九乡风景名胜区
	镇雄-威信煤重点矿区	乌蒙山自然保护区	盐津县风景名胜区、天星森林公园

续附表 2

地区	矿区	禁止开发区	
		自然保护区	风景名胜、地质公园、森林公园
安徽	淮北煤田重点矿区	濉溪、砀山酥梨自然保护区	
	淮南煤田重点矿区	八公山区自然保护区	
	凤阳玻璃用石英岩重点矿区	凤阳水库自然保护区	
	定远岩盐-石膏重点矿区	城北水库自然保护区	
	滁州琅琊山铜矿重点矿区	西湖自然保护区	
	巢湖-含山水泥建材重点矿区	东山水库、凤凰山、旗山自然保护区	
	马鞍山铁矿重点矿区	雷公山、青山保护区	
	铜陵-南陵铜铅锌重点矿区	白马山、马仁奇峰自然保护区	
	安庆铜、铁、水泥用灰岩重点矿区	七里湖自然保护区	
	池州铜、金、水泥用方解石重点矿区	百丈崖、升金湖国家级自然保护区	
	青阳-泾县方解石重点矿区	青阳盘台、贵池老山自然保护区	
	铜陵-繁昌煤、硫铁矿限制开采区	贵池十八索、白马山自然保护区	
	怀宁煤、硫铁矿限制开采区	七里湖自然保护区	
	青阳-南陵钨、锑限制开采区		天河岭、乌栎山风景区
	泾县高硫煤、普通萤石限制开采区		泾县西峰山风景区
	青阳锑、普通萤石限制开采区	金湖自然保护区	
	旌德钨、普通萤石限制开采区	清凉峰自然保护区	
	祁门-黟县钨、石煤限制开采区	五溪山自然保护区	
	歙县-休宁普通萤石限制开采区	岭南自然保护区	

续附表2

地区	矿区	禁止开发区	
		自然保护区	风景名胜区
重庆	涪陵重点矿区		风景名胜、地质公园、森林公园
	渝西页岩气重点矿区	缙云山国家级自然保护区	武陵山森林公园
	忠县-丰都页岩气重点矿区		缙云山风景名胜区
	綦江页岩气重点矿区		长江三峡、龙河风景名胜区
	永川-荣昌页岩气重点矿区		四面山风景名胜区
	永川-荣昌煤、煤层气重点矿区		云龙山、茶山竹海森林公园
	"大都市区"温泉产业重点矿区	缙云山自然保护区	青山湖国家湿地公园
	巫山赤铁矿重点矿区	金佛山自然保护区	天坑地缝风景名胜区、观音峡森林公园、长江三峡地质公园
	南川-武隆铝土矿重点矿区	大巴山自然保护区	玉龙山森林公园
	大足-铜梁锶矿重点矿区		
	城口钡矿重点矿区		长江三峡风景名胜区
	云阳-万州岩盐资源重点矿区		
	合川岩盐资源重点矿区		缙云山风景名胜区
贵州	水城国家规划矿区	赤水河自然保护区	
	黔北国家规划矿区	赤水河自然保护区	
	盘县国家规划矿区		盘县大洞竹海风景名胜区
	织纳国家规划煤炭重点矿区		织金洞地质公园
	六枝黑塘煤炭重点矿区		六枝回龙溪风景名胜区
	兴仁县潘家庄镇七里湾煤矿		兴仁放马坡风景名胜区

续附表 2

地区	矿区	禁止开发区	
		自然保护区	风景名胜、地质公园、森林公园
贵州	毕节市大梨树煤矿	赤水河自然保护区	
	大方县黄泥塘镇庆文兴煤矿		大方百里杜鹃风景名胜区、地质公园、森林公园
	清镇-修文重点矿区		阳明风景名胜区
	盘县大山镇吉源煤矿		盘县大洞竹海风景名胜区
	大方县三元乡芽底场煤矿	赤水河自然保护区	
	盘县老厂镇银逢煤矿		盘县大洞竹海风景名胜区
	百里杜鹃普底乡渝兴煤矿		百里杜鹃国家森林公园
	大方县百纳乡大元煤矿		百里杜鹃国家森林公园
	百里杜鹃仁和乡林场煤矿		百里杜鹃国家森林公园
	贵州百里杜鹃金坡乡金坡煤矿		百里杜鹃国家森林公园
	黔西县沙井乡高坡煤矿		织金洞风景名胜区、地质公园
	百管委金坡乡黔兴煤矿		百里杜鹃国家森林公园
	百里杜鹃红林乡春光乡马拉啊煤矿		百里杜鹃国家森林公园
	百里杜鹃百纳乡九龙湾子煤矿		百里杜鹃国家森林公园
	百里杜鹃红林乡黔鑫煤矿		百里杜鹃国家风景名胜区
	大方县猫场镇猫场煤矿		九洞天风景名胜区
	百里杜鹃百纳乡化育煤矿		百里杜鹃国家森林公园
	织金县三甲乡三甲煤矿		织金洞风景名胜区、地质公园

续附表2

地区	矿区	禁止开发区	
		自然保护区	风景名胜、地质公园、森林公园
湖北	阳新县鸡笼山铜矿重点开采区	网湖湿地自然保护区	
	大冶市牛头山煤矿限制开采区	梁子湖湿地自然保护区	
	竹溪县羊圈子煤矿限制开采区	八卦山自然保护区	
	陈家坪煤矿限制开采区	萌尖子自然保护区	
	长阳梯子湾煤炭矿限制开采区	萌尖子自然保护区	清江风景名胜区
	利川兴隆煤矿限制开采区	星斗山自然保护区	
	鹤峰县朝阳坪煤矿限制开采区	木林子自然保护区	
	郧县石鸡山铁矿限制开采区	丹江口库区自然保护区	
	宣恩县刘家冢硫铁矿限制开采区		七姊妹山自然保护区
	咸宁市温泉地热重点开采区		潜山国家森林公园
	随县吴山镇花岗岩重点开采区		七尖峰森林公园
	宜昌市恒达石墨矿重点开采区		西塞国森林公园
	宜昌市肖家河磷矿重点开采区		西塞国森林公园
	黄冈市英山地热重点开采区		毕昇森林公园
	鄂州市程潮铁矿重点开采区		葛山森林公园
	阳日镇长青磷矿限制开采区		神农架、尧治河森林公园
	保康尧治河磷矿限制开采区		尧治河森林公园

续附表 2

地区	矿区	禁止开发区	
		自然保护区	风景名胜、地质公园、森林公园
湖北	巴东县宝塔河煤矿限制开采区		巴山森林公园、三峡风景名胜区
	巴东县核桃树煤矿限制开采区		格子河森林公园
	巴东县十槽水煤矿限制开采区		格子河森林公园
	黄石市袁仓煤矿限制开采区		黄荆山森林公园、磁湖风景名胜区
	咸丰县甲马池煤矿限制开采区		坪坝营国家森林公园
	秭归茅坪金矿重点开采区		三峡（湖北段）风景名胜区
	秭归县天星煤矿限制开采区		三峡（湖北段）风景名胜区
	马河煤矿限制开采区		漳河风景区
	肖湾煤矿限制开采区		漳河风景区
	当阳市高垩场煤矿限制开采区		清江风景名胜区
	长阳县桃庄煤矿限制开采区		清江风景名胜区
	长阳镇凤湾煤矿限制开采区		清江风景名胜区
	赤壁市张司边煤矿限制开采区		赤壁陆水风景区
	大冶市大冶铁矿重点开采区		黄石地质公园

续附表 2

地区	矿区	禁止开发区	
		自然保护区	风景名胜、地质公园、森林公园
江苏	淮安市洪泽县岩盐芒硝重点矿区	淮河入海水道洪水调蓄区	
	徐州市沛县煤炭重点矿区		微山湖湖西湿地风景名胜区
	南京市栖霞山铅锌银矿重点矿区		栖霞山森林公园
	南京市梅山铁矿重点矿区		将军山风景名胜区
	徐州市丰县岩盐重点矿区	新河清水通道维护区	
	淮安市岩盐重点矿区	苏北洪水调蓄区	
	常州市金坛盐盆重点矿区	横塘湖重要湿地	
	盱眙县凹凸棒石黏土重点矿区		盱眙铁山寺国家森林公园
	徐州市铜山区水泥用灰岩重点矿区	贾汪区地下水饮用水水源保护区	
	徐州市贾汪区水泥用灰岩重点矿区	贾汪区地下水饮用水水源保护区	
	常州市芝山水泥用灰岩重点矿区		
	金坛区薛埠水泥用灰岩重点矿区		溧阳瓦屋山省级森林公园
	溧阳市周城水泥用灰岩重点矿区		方山森林公园
	宜兴市新芳水泥用灰岩重点矿区	小沿河水源涵养区	溧阳瓦屋山省级森林公园
	连云港地区磷矿重点矿区		连云港云台山风景名胜区

续附表 2

地区	矿区	自然保护区	禁止开发区（风景名胜、地质公园、森林公园）
湖南	杨林石煤、钒矿矿区		风景名胜、地质公园、森林公园
	娄底新化-双峰煤炭矿区		雪峰湖地质公园
	宜章县瑶岗仙钨铅锌多金属矿区	莽山自然保护区	渭江地质公园
	常宁煤炭限制开采区		
	攸县煤炭限制开采区		庙前地质公园
	郴州嘉禾煤炭限制开采区		飞天山国家地质公园
	桂阳-宜章煤炭限制开采区		酒埠江国家地貌、乌龙山地质公园
	龙山-桑植煤炭限制开采区		白石渡丹霞地貌风景名胜区
	冷水滩-邵阳煤炭限制开采区		张家界
	衡山县钠长石矿	康龙自然保护区	大乘山波月洞风景名胜区
	中方-辰溪煤炭限制开采区		南岳衡山风景名胜区
	武冈-新宁煤炭限制开采区	都庞岭自然保护区	法相岩云山风景名胜区
	江华钨矿、稀土限制开采区	西洞庭自然保护区	
	宁乡-桃江煤炭		
	凤凰汞矿限制开采区		凤凰国家地质公园
	浏阳市七宝山铜多金属矿区		石牛寨地质公园
	湘潭锰矿限制开采区		韶山风景名胜区

续附表 2

地区	矿区	禁止开发区	
		自然保护区	风景名胜、地质公园、森林公园
江西	龙南重稀土矿区	九连山自然保护区	
	安远中-重稀土矿区	九连山自然保护区	三百山风景名胜区
	全南中稀土矿区	九连山自然保护区	
	九江县城门山铜矿区	庐山自然保护区	
	德兴铜矿区		大茅山风景名胜区
	吉安县井头铁矿区	永浆自然保护区	
	铅山县永平铜矿区	武夷山自然保护区	
	崇义县茅坪钨锡铜钼矿区	赣江源自然保护区	
	全南县大吉山钨矿区	九连山自然保护区	
	宜春市四一四铝铌矿区	官山自然保护区	
	上饶县朝阳磷矿区	铜钹山自然保护区	
浙江	长兴煤山石灰岩开采区	长兴地质剖面自然保护区	
	长兴李家巷石灰岩开采区	长兴扬子鳄自然保护区	
	富阳大山顶-桐庐高山石灰岩开采区		富春江-新安江风景名胜区
	建德更楼-李家石灰岩、方解石开采区	衢江千里岗自然保护区	
	衢州上方石灰岩、方解石开采区	常山地质剖面自然保护区	
	常山辉埠石灰岩开采区		

续附表 2

地区	矿区	自然保护区	禁止开发区
浙江	诸暨枫桥石灰岩开采区	东白山自然保护区	风景名胜、地质公园、森林公园
	兰溪灵洞石灰岩开采区		六洞山风景名胜区
	兰溪岭坑山萤石开采区		白露山-芝堰风景名胜区
	常山新昌萤石开采区	常山地质剖面自然保护区	
	江山长台萤石开采区	江山仙霞岭自然保护区	
	武义后树-鸡舍湾萤石开采区		大红岩风景名胜区
	泰顺前坪仔萤石开采区	承天氡泉自然保护区	
	上虞梁岙叶蜡石开采区	绍兴舜江源自然保护区	
	常山芳村叶蜡石开采区	常山地质剖面自然保护区	
	青田山口叶蜡石开采区		石门洞风景名胜区
	泰顺龟湖叶蜡石开采区	承天氡泉省级自然保护区	
	绍兴漓渚铁矿开采区	绍兴舜江源省级自然保护区	
	绍兴平水铜矿开采区	绍兴舜江源省级自然保护区	
	诸暨南部多金属开采区	东白山省级自然保护区	
	富阳东坞山-上台门银铅锌开采区		富春江-新安江国家级风景名胜区
	青田石平川铁、铅锌、钼矿开采区		石门洞省级风景名胜区
	龙泉西部铁、铅锌、萤石开采区	凤阳山-百山祖国家级自然保护区	

后 记

本书成书过程历经了数年时间,赵鹏大院士和成金华教授在明确指导思想、拟定组织架构、确定撰写纲要方面做出了重要贡献,最后由博士后方传棣完成撰写工作,数易其稿,终于由中国地质大学出版社完成出版发行。

本书的出版得到多方专家学者和有识之士的关心、支持和帮助。中国地质大学(武汉)资源学院陈守余教授、夏庆霖教授、赵葵东教授、陈建国教授、国重一教授、胡光道教授,中国地质大学(武汉)地质过程与矿产资源国家重点实验室左仁广教授,中国地质大学(武汉)经济管理学院杨树旺教授、於世为教授、吴巧生教授、徐德义教授、刘江宜教授、金贵教授,中国地质大学(武汉)公共管理学院的胡守庚教授、张吉军教授、王占岐教授、李世祥教授,以及武汉大学质量发展战略研究院张继宏教授,或给予重要指导,或提出具体建议,或提供重要支持;中国地质大学(武汉)王成彬副教授、齐睿副教授、龚承柱副教授、王然副教授、朱永光副教授,中国矿业大学杨俊副教授、刁贝娣副教授,武汉工程大学尤喆副教授,以及中国地质大学(武汉)的彭昕杰博士、戴胜博士、沈曦博士、卫玉杰博士、陈嘉浩博士、刘凯雷博士、徐渭博士、詹成博士,提供了诸多帮助。在此,一并致以最诚挚的谢意!

本书是从矿产资源视角对长江经济带高质量发展研究的一次尝试。本书在编写中参阅和引用了大量的文献,从中得到了不少启发和感悟,在此对这些专家、学者的杰出工作,致以崇高的敬意。由于书中的一些内容具有较强的探索性,难免存在不妥之处,祈望读者提出宝贵意见。

方传棣
2020 年 12 月